Das Schwarzpulver
und ähnliche Mischungen.

Von

Dr. Richard Escales.

Kommissionsverlag von Gustav Fock, G. m. b. H.
Leipzig 1904

Die Explosivstoffe.

Mit Berücksichtigung der neueren Patentliteratur.

Von Dr. Richard Escales.

Erstes Heft:

Das Schwarzpulver und ähnliche Mischungen.

Kommissionsverlag von Gustav Fock, G. m. b. H.
Leipzig 1904.

Das Schwarzpulver und ähnliche Mischungen.

Von Dr. Richard Escales.

Kommissionsverlag von Gustav Fock, G. m. b. H.
Leipzig 1904.

Vorwort.

In seinem Buche über „Sprengstoffe und Zündwaren" hat Professor Haeussermann eine Uebersicht über die bis zum 26. Juni 1893 ausgegebenen deutschen Patentschriften der Klasse 78 gegeben. Leider ist diese, auch durch sehr wertvolle allgemeine Einleitungen über die einzelnen Kategorien ausgezeichnete Zusammenstellung nicht fortgesetzt worden und besteht auch bei Prof. Haeussermann, wie derselbe mir vor einiger Zeit gütigst privatim mitteilte, nicht die Absicht, eine neue Bearbeitung erscheinen zu lassen.

Inzwischen sind über zehn Jahre verflossen und es hat sich auf dem Gebiet der Sprengstoffe manches geändert. Ich habe mir daher die Aufgabe gestellt, ein Buch über die Explosivstoffe mit Berücksichtigung der neueren Patentliteratur zu schreiben und zwar soll der Gegenstand in folgenden einzelnen Monographien bearbeitet werden:

1. Schwarzpulver und ähnliche Mischungen.
2. Nitrocellulosen, bes. Schiessbaumwolle,
3. Nitroglycerin, Dynamite,
4. Rauchlose Pulver,
5. Sicherheits-Sprengstoffe für Kohlenbergwerke.
6. Pikrinsäure, Aluminium-Sprengstoffe,
7. Detonatoren.

Das erste Heft übergebe ich hiemit der Oeffentlichkeit. Ich möchte den Firmen, welche mich durch freundliche Auskunfterteilung unterstützt haben (Vereinigte Köln-Rottweiler Pulverfabriken, Pfälzische Pulverfabriken) und besonders den Firmen W. Güttler und Cramer & Buchholz, die mir eine Anzahl Cliché's freundlichst zur Verfügung stellten, auch an dieser Stelle herzlichst danken.

Der Verfasser.

München, Dezember 1903.
Werneckstrasse 15/I.

I. Das Schwarzpulver.

Das älteste Schiess- und Sprengmittel ist das Schwarzpulver. Zuerst verwandte man ein Gemisch von Schwefel, Pech und verschiedenen Harzen, das sog. *griechische Feuer*, das von Kallinikos bei der Verteidigung Konstantinopels (660—667) eingeführt worden sein soll und von dessen wunderbaren Wirkungen uns eine Menge Schriftsteller mehr oder weniger glaubwürdige Erzählungen berichtet haben.

Dieses griechische Feuer wurde in hohle Steine oder mit Löchern versehene Gefässe eingeschlossen und hatte den Zweck, beim Auftreffen auf das Zielobjekt dasselbe in Brand zu stecken. Das griechische Feuer wurde von den verschiedenen Feuerwerksmeistern durch alle möglichen Zusätze verbessert; die Eigenschaft des späterhin wesentlichen Zusatzes, des — für sich den Arabern schon im 8. Jahrhundert bekannt gewesenen — Salpeters, mit brennenden Körpern zu verpuffen, scheint (nach Gutmann) erst im 13. Jahrhundert entdeckt worden zu sein; von da ab lässt sich ein Salpeter-Zusatz fesstellen.

Im 14. Jahrhundert finden wir dann, ohne dass der Uebergang vom griechischen Feuer zum Schwarzpulver sich genau verfolgen oder ein bestimmter Erfinder hiefür angeben liesse, die Verwendung des Gemisches zu *artilleristischen* Zwecken.

Oskar Gutmann, wohl einer der hervorragendsten Sachverständigen im Explosivstoff-Gebiete, ist nach eingehenden Forschungen über die Person des Erfinders und den Zeitpunkt dieser Erfindung zu dem Schlusse gekommen, dass weder Markus Graecus, noch Albertus Magnus, noch Roger Bacon oder Berthold Schwarz als Erfinder des Schiesspulvers gelten dürfen, dass vielmehr der Name des Erfinders unbekannt bleiben wird, weil sich das Schiesspulver allmählich aus dem griechischen Feuer entwickelte, und dass das Schwarzpulver — wenn auch vorerst in unreinen Bestandteilen und aus schlechten Mischungen erzeugt — bekannt war, ehe man an seinen Gebrauch als Schiesspulver in Gewehren und Geschützen dachte. Die erste Verwendung als Treibmittel dürfte das Schwarzpulver in der Zeit zwischen 1310 und 1325 erfahren haben; nach Gutmann ist die Ausnützung der treibenden Kraft des Schiesspulvers und die Verwendung von Schiesswaffen aller Wahrscheinlichkeit nach im Jahre 1313 durch den Mönch Berthold Schwarz aus Breisgau zum ersten Male betätigt worden.

Belagerungsgeschütze, aus denen man zuerst Steine, dann bleierne und später gusseiserne Kugeln schoss, kamen in Deutschland und Frankreich dann schnell zur Anwendung; in der Schlacht bei Crecy (1346) ist zum ersten Male Schiesspulver auf offenem Felde angewandt worden; die Engländer schossen eiserne Kugeln aus Feuerschlünden und erfochten dadurch den Sieg über die Franzosen. — Mit Handschusswaffen konnte man sich Anfangs weniger befreunden, wir finden solche erst nach dem Jahre 1380.

Die erste sichere Nachricht von der Verwendung des Schwarzpulvers zur *Sprengarbeit* in Bergwerken findet sich viel später, im Jahre 1627, in den Akten des ungarischen Berggerichtes Schemnitz; danach hat ein Tiroler, Kaspar Weindl, am 8. Februar 1627 die erste Sprengung durchgeführt. Diese hochwichtige Neuerung in der Arbeit auf dem festen Gestein konnte sich nur äusserst langsam einführen; das Bohren war sehr kostspielig, auch machte man die Bohrlöcher viel zu gross, dreimal so gross als jetzt; dadurch wurden auch die Pulverladungen sehr stark, wodurch beim Sprengen starke Erschütterungen im Grubengebäude entstanden. Auch war das Pulver damals sehr teuer.

Im Jahre 1749 wurde durch ungarische Bergleute am Harz der Meisselbohrer eingeführt; später wurde derselbe maschinell in Bewegung gesetzt; der Engländer Bartlett ist 1855 anlässlich des Tunnelbaues durch den Mont Cenis der Erste gewesen, welcher eine gangbare Gesteinsbohrmaschine mittelst Dampfkraft betrieb; bald darauf erfolgte auch die Verwendung von komprimirter Luft als Betriebsmittel.

Wichtig für die Anwendung von Sprengpulver im Bergwerksbetrieb war auch die 1685 eingeführte Neuerung, statt der Holzpflöcke — welche bis dahin zur Verspundung der Bohrlöcher angewandt wurden und welche an einer gegenüberstehenden Wand verbolzt werden mussten — die Bohrlöcher mit Letten zu verdämmen. — Die elektrische Zündung der Sprengstoffe im Bergwerksbetrieb wurde 1804 durch Major Baron Chastel, die Sicherheitszündschnur 1831 durch den Engländer Bickford erfunden.

Zu Ende des 17. und Anfang des 18. Jahrhunderts hatte man auch begonnen, Strassen im Hochgebirge mittelst Sprengarbeit zu bauen; ebenso fing man Mitte des 17. Jahrhunderts damit an, Hindernisse in Flüssen durch den Sprengprozess zu entfernen.

Das *Schwarzpulver* ist ein mechanisches Gemenge von Kalisalpeter, Holzkohle und Schwefel, welche drei Bestandteile wir nun im Einzelnen betrachten wollen.

Der *Kalisalpeter* findet sich in der Natur in heissen Ländern, namentlich in Ostindien, nach der Regenzeit in ziemlicher Menge an gewissen Stellen des Bodens ausgewittert; diese Salpeter-Witterungen werden in Ostindien von einer besonderen Kaste, den Sorahvallahs, gesammelt; durch Auslaugen und Abdampfen wird dann ein Produkt gewonnen, welches als *indischer Rohsalpeter* in den Handel gebracht wird; 1891/92 wurden aus Ostindien 20000 t Kalisalpeter ausgeführt, wovon etwa ein Drittel nach England ging.

Ehe man andere Darstellungsmethoden des Salpeters kannte, war man auf dieses ostindische Produkt für die Pulverfabrikation angewiesen; H. Bunte schildert, in welcher Verlegenheit die Regierung der französischen Republik sich nach der Revolution befand, als man mit fast allen Staaten Europas im Kampfe lag, aber nicht über das nötige Kriegsmaterial verfügte und von allen Zufuhren abgeschnitten war. Während man kurz vorher den grossen Chemiker Lavoisier mit dem Bemerken, dass man keiner Gelehrten mehr bedürfe, hatte hinrichten lassen, erliess jetzt der Wohlfahrtsausschuss in höchster Not einen Appell an die Wissenschaft; die hervorragendsten Gelehrten traten zusammen und beschäftigten sich gleich in der ersten Sitzung mit der brennendsten Frage, der Fabrikation des Schiesspulvers. Wie sollte man ohne ostindischen Salpeter Schiesspulver herstellen? Da wies der Chemiker Monge darauf hin, dass auch im Inland, an den Wänden der Ställe, der Keller, der Aborte etc. etc. Salpeter enthalten sei. „Gebt uns salpeterhaltige Erde, rief Monge aus, und drei Tage darauf werden wir Kanonen damit laden.“ Alsbald begann man von einem Ende der Republik zum andern den Boden der Ställe zu durchwühlen und aus der Erde den Salpeter auszulaugen; in neun Monaten gewann man auf diese Weise 12 Millionen Pfund Salpeter.

I. Die Schiessbaumwolle.

1. Historischer Rückblick.

In den Jahren 1845/46 beschäftigte sich Christian Friedrich Schönbein, Professor der Chemie in Basel, mit einer Modifikation des Sauerstoffs, dem sogen. Ozon; seiner Idee nach sollte in allen sauerstoffreichen Körpern der Sauerstoff entweder als Ozon oder als Antozon vorhanden sein. Schwefelsäure sollte eine Verbindung von schwefliger Säure mit aktivem Sauerstoff, Salpetersäure eine solche von Stickstofftetroxyd mit aktivem Sauerstoff sein. Nun glaubte Schönbein, was bei der damaligen Herrschaft der dualistischen Theorie nicht so unmöglich schien, beim Vermischen von Salpetersäure mit Schwefelsäure müsse der aktive Sauerstoff frei werden; aus diesem Grunde untersuchte Schönbein die Einwirkung eines Gemisches von Schwefelsäure und Salpetersäure auf verschiedene Körper, so auf Papier und auf Baumwolle; hiebei entdeckte er das Pergamentpapier und die Schiessbaumwolle; er teilte seine Entdeckungen in den Sitzungen der Naturforschenden Gesellschaft in Basel mit.*) Der Bericht über die Sitzung vom 11. März 1846 enthält folgende Mitteilung über das Pergamentpapier:

„Referent teilt mit, dass es ihm gelungen sei, die Pflanzenfaser, Zucker u. s. w. wesentlich zu verändern, namentlich aber das Papier so zu modifizieren, dass

*) Vgl. die Monographie von Georg W. A. Kahlbaum und Ed. Schaer über Chr. F. Schönbein, Leipzig bei Barth 1901.

es *wasserdicht* und in hohem Grade elektrisch werde. Unter anderen Erzeugnissen wird eine vollkommen durchsichtige, im Wasser unlösliche, aus vegetabilischen Fasern erhaltene Substanz vorgewiesen, welche durch ihre Fähigkeit, durch Reiben elektrisch zu werden, noch das wasserfeste Papier um Vieles übertraf."

Der darauf folgende Absatz lautet:

Den 27. Mai 1846. Herr Prof. Schönbein: Ueber Schiessbaumwolle. Unter Bezugnahme auf die am 11. März 1846 der Gesellschaft mitgeteilte Notiz zeigt Referent Baumwolle vor, von ihm Schiessbaumwolle genannt, so verändert, dass sich dieselbe noch leichter entzündet ohne einen Rückstand zu lassen als Schiesspulver selbst. Zu gleicher Zeit werden mit Gewehren Versuche angestellt, die zeigen, dass die Schiesswolle bei ihrer Verbrennung in Geschossen eine noch bedeutendere Triebkraft entwickelt, als dies ein gleiches Gewicht des besten Schiesspulvers tut. Zwanzig Gramm Schiesswolle in eine Flinte geladen trieb anderthalblöthige Kugeln durch vier dicke Bretter in einer Entfernung von sechzig Schritten. Schiesswolle auf einen Amboss gelegt und mit einem Hammer geschlagen detonierte, ohne sich zu entzünden, sich aber zerstäubend."

Ueber die Herstellung der Schiessbaumwolle gibt Schönbein folgendes Original-Rezept:

„In ein Gemisch, aus drei Raumteilen gewöhnlichen Vitriolöles und einem Raumteil möglichst konzentrierter Salpetersäure bestehend, das wenigstens auf 10^0 abgekühlt ist, wird rohe Baumwolle in der Weise eingeführt, dass diese Materie sich schnell mit der saueren Flüssigkeit tränkt. Es ist hiebei von Wichtigkeit, erstens dass die Baumwolle keine Samenkörper und sonstige Unreinigkeiten enthalte, also mit einiger Sorgfalt gezupft sei, zweitens, dass die Tränkung der Baumwolle mit Säure möglichst schnell und gleichförmig vor sich gehe und drittens, dass die Temperatur nicht über 13—14^0 steige. Mit Hilfe eines dicken Glasrohres wird die Baumwolle mit dem Säuregemisch in innige Berührung gebracht und hat die Tränkung vollständig stattgefunden, so bringt man die benetzte Baumwolle in ein anderes leeres Gefäss, presst dieselbe zusammen, um die überflüssige, an ihr haftende Säure zu entfernen, welch' letztere man wieder zur Tränkung weiterer roher Baumwolle verwendet. Ist das zweite Gefäss mit getränkter Wolle gefüllt, so stellt man es einige Zeit in kaltes Wasser und bringt es dann an einen kühlen Ort, z. B. in einen Keller. Nach 12 Stunden langem Stehen entfernt man die Baumwolle aus dem Gefäss, bringt sie in eine weite Schale, lockert sie ein wenig auf und giesst so viel Wasser darauf, dass die Wolle mit dieser Flüssigkeit bedeckt ist. Mit Hilfe einer Glasröhre bewegt man die Baumwolle, um das Eindringen des Wassers zu begünstigen. Nach 10 Minuten giesst man die saure Flüssigkeit ab, presst die Wolle auf geeignete Weise zusammen, um die Säure möglichst zu entfernen, giesst wieder ab und presst und wiederholt 4 oder 5mal die gleiche Operation. Ist durch diese Waschungen die Säure aus der Baumwolle zum grössten Teil entfernt, so bringt man sie in eine Kufe mit Wasser, lässt diese ab, bringt neues hinzu, bis die Baumwolle völlig ausgesüsst ist. Dann presst man sie aus, zerzupft sie und lässt an der Sonne trocknen. Im trocknen Zustande fasst sich die präparierte Wolle etwas rauh an und kracht beim Zusammenknicken wie Seide. Auf einen Ambos gelegt und stark mit dem Hammer getroffen detoniert sie ohne sich zu entzünden; ein noch nicht glühender Platindraht, der ohne Wirkung auf das Schiesspulver ist, entflammt sie plötzlich."

Ueber die Eigenschaften der Schiesswolle hat Schönbein im Herbst des Erfindungsjahres, als er in London weilte, wohl für irgend eine Patentschrift, folgende Punkte zusammengestellt:

„Eigenschaften der Schiessbaumwolle, wie sie durch die Versuche von Prof. Schönbein ermittelt wurden:

1. Sie ist leichter entflammbar als Schiesspulver, entzündet sich aber erst bei Temperatur von 400° Fahrenheit.

2. Sie entzündet sich nicht durch Reibung oder Erschütterung gelegentlich des Ladens von Kanonen, Mörsern, Flinten oder anderen Feuerwaffen und Minen.

3. Alle Mittel, durch welche Schiesspulver entzündet wird, entzünden auch diese Baumwolle.

4. Wenn sie so stark wie möglich hergestellt wird, so entwickelt sie keinen merkbaren Rauch oder Geruch und hinterlässt auch keinen Rückstand. Wird sie weniger kräftig angefertigt, so entwickelt sie etwas Rauch, aber immer noch beträchtlich weniger als das Schiesspulver und auch in diesem Falle ist der hinterlassene Rückstand fast gleich Null, so dass die Feuerwaffen eine ganze Reihe von Malen entladen werden können, ohne dass sie gereinigt zu werden brauchen.

5. Die Feuerwaffen werden beim Gebrauch der Schiessbaumwolle sehr wenig erhitzt; auch wird das Metall des Laufes u. s. w. nicht merklich angegriffen oder korrodiert, wie lange Zeit auch geschossen wird.

6. Wasser übt keinerlei Wirkung auf gut hergestellte Schiessbaumwolle aus, denn wenn sie wieder getrocknet wird, erlangt sie ihre volle Explosivkraft wieder.

7. Schiessbaumwolle kann in allen den Fällen gebraucht werden, in denen zur Zeit Schiesspulver verwendet wird, ohne dass dazu irgend welche Aenderung an der Konstruktion der heutigen Feuerwaffen erforderlich wäre.

8. Aus einer grossen Anzahl angestellter Versuche hat sich ergeben, dass bei Kanonen und Mörsern die treibende Kraft der Schiesswolle zum mindesten doppelt so gross ist als die des Schiesspulvers, d. h. dass ein Gewichtsteil Schiessbaumwolle dieselbe Wirkung hat wie zwei Gewichtsteile Schiesspulver. In amerikanischen Flinten einer gewissen Konstruktion

(mit enger Seele *) und konischem Projektil) ist die Gewalt der Schiessbaumwolle noch wenigstens 4mal so gross als das allerbeste Schiesspulver. Das genaue Verhältniss, wie es sich aus einer grossen Anzahl von Versuchen herausgestellt hat, scheint zu sein 414:100, d. h. 100 Teile Baumwolle erzielen genau die Wirkung von 414 Teilen des besten Schiesspulvers, wie es in der Schweiz gebraucht wird.

Gleiche Resultate wurden erzielt beim Sprengen von Felsen und Minen. Mit vier Unzen **) von Prof. Schönbeins Schiessbaumwolle wurde ein sehr hartes Bruchstück eines alten Thurmes von 250 Kubikfuss Masse äusserst vollkommen zersprengt. Um mittelst Schiesspulvers das gleiche Resultat zu erreichen, hätten mindestens zwei Pfund davon angewendet werden müssen.

9. Die Herstellung der explosiven Baumwolle hat nicht die geringste Gefahr, ist so einfach wie möglich und geht so schnell, dass die ganze Operation in längstens 24 Stunden beendigt ist. Ist es erforderlich und sind die geeigneten Apparate zur Hand, so kann die Arbeit leicht in 12 Stunden ausgeführt werden. Die Einrichtungen zu der Herstellung sind ebenfalls der einfachsten Art und wenig kostspielig.

10. Was die Kosten der Herstellung betrifft, so sind die erforderlichen Werkzeuge billig, leicht zu beschaffen und man darf annehmen, dass der gleiche Betrag treibende Kraft durch Schiessbaumwolle erzielt, sich merklich billiger stellt als der durch Schiesspulver gewonnene.“

Soweit die Erfindung Schönbeins vom Januar und Februar des Jahres 1846. Schönbein war sich der Wichtigkeit seiner Entdeckung, ein Ersatzmittel

---

*) Hier haben wir die erste Betonung der Vorteile des kleinen Kalibers bei der Anwendung rauchlosen Pulvers.

**) Eine Unze = 30 gr. Also war die Wirkung von 120 gr Schiessbaumwolle gleich der von 1000 gr. Schiesspulver.

für Schiesspulver gefunden zu haben, von Anfang an bewusst; seine Erfindung machte auch sofort in der ganzen Welt einen ungeheueren Eindruck; war es doch zu wunderbar, dass durch eine verhältnissmässig einfache Behandlung der harmlosen Baumwolle dem einzigen Explosivstoff von technischer Bedeutung, den man bis jetzt kannte, ein Konkurrent erwachsen war; einerseits erschien es als Kuriosum, dass man mit Baumwolle sollte sprengen können, andererseits war man sich bald klar über den Wert, den ein das Schwarzpulver an Gewalt übertreffender neuer Explosivstoff auch volkswirtschaftlich haben musste; so erklärt es sich, dass die Erfindung und der Erfinder Schönbein mit einem Schlage eine unerhörte Popularität genossen. Schönbein bemühte sich, seine Erfindung finanziell zu verwerten und verbündete sich zu diesem Zwecke mit Prof. Böttger in Franfurt a/M., der als zweiter Erfinder der Schiessbaumwolle bekannt geworden ist. Ueber letzteren Punkt äussert sich Böttger in einem Briefe an Schönbein wie folgt:

„Da Sie nun ein grosses Gewicht darauf zu legen scheinen, dass *Sie* zuerst Schiessbaumwolle bereitet und ich solche erst zum zweiten Male entdeckt, so seien Sie überzeugt, dass ich dieses Faktum, das ja Jedermann kennt, nie in Abrede zu stellen mich jemals erkühnen werde, obwohl mein Inneres mir ein ganz ähnliches belohnendes Bewusstsein vorspiegelt, als dem ersten Erfinder das seinige. Sind Sie durch einen Zufall auf die Entdeckung gekommen, so kann ich nachweisen, dass ich, gestützt auf frühere Untersuchungen über die Metamorphose der Holzfaser, durch unabhängige Schlüsse darauf gekommen bin. Ob ihr Verdienst desshalb ein grösserer ist als das meinige, darüber will ich Ihnen gegenüber nicht rechten; nur so viel steht fest: Sie waren der erste Erfinder der Schiesswolle, und meine Wenigkeit machte dieselbe Entdeckung unabhängig ven Ihnen zum zweiten Male und zwar nicht blos in Folge früherer analogen Arbeiten, sondern ich gestehe es, wie ich dies bereits schon oft gethan ganz unverhohlen, auch angespornt und aufgemuntert durch die von Ihnen bereits veröffentlichten Eigenschaften der Schiesswolle.“

Schönbein und Böttger schlossen zwecks gemeinschaftlicher Verwertung der Erfindung einen Vertrag, der in seinem wichtigsten Punkte dahin lautete, dass Schönbein zwei Drittteil, Böttger ein Drittteil vom Ertrage der Erfindung in allen Ländern erhalten sollten. Der erste Schritt war eine Eingabe an den Bundestag, worin die Benützung der Erfindung dem Deutschen Bund für 100,000 Thaler angeboten wurde; sodann bemühte man sich mit dem Verkauf in England; hier wurde bald ein Resultat erzielt durch einen Vertrag mit der Firma John Hall & Sohn, wonach das abschliessende Haus für das ausschliessliche Recht der Ausnutzung des Patentes in England dem Erfinder ein Drittteil des erzielten Reingewinnes, zum mindesten tausend Pfund Sterling für jedes der drei ersten Jahre zusichert; nach dieser Zeit hatte die Firma das Recht zurückzutreten; bei Vertragsschluss erhielt der Erfinder tausend Pfund ausbezahlt. Dies geschah am 27. Oktober 1846. Die Firma Hall errichtete nun in Faversham, zwischen Milton und Canterbury in der Grafschaft Kent, einem Städtchen von damals 4000 Einwohnern, in dem von Alters her Pulvermühlen sich befanden, eine Fabrik für Schiesswolle, in der 70 Arbeiter beschäftigt waren; hiebei scheint die englische Firma nicht mit der nötigen Sorgfalt ans Werk gegangen zu sein, sondern sich viel zu sehr auf die, doch immer nur ganz im Kleinen angestellten Versuche, die hauptsächlich von Böttger unternommen und ausgearbeitet worden waren, verlassen zu haben; diese Versuche wurden direkt ins Grosse übertragen, ein Verfahren, das unter allen Bedingungen unzulässig ist. Bereits am 14. Juli 1847 flog dann auch die Fabrik in Faversham in die Luft, wobei einundzwanzig Arbeiter tot blieben und so verstümmelt wurden, dass nur zehn derselben agnosziert werden konnten; sechzehn Arbeiter wurden noch mehr oder weniger schwer verwundet; William Hall, der eine Sohn der Firma, der an der Unglücksstätte weilte, erlitt einen schweren Nerven-Chok.

Dieser Unfall machte einen solchen Eindruck auf die Firma Hall, dass man beschloss, die Fabrik nicht wieder aufzubauen und die Fabrikation der Schiesswolle liegen zu lassen; dies wurde Schönbein mitgeteilt mit dem Vermerk, dass man auf das Patent verzichte. Schönbein nahm — wohl aus Furcht vor den hohen Gerichtskosten in England — davon Abstand, seine Ansprüche, welche auf mindestens drei Jahre lauteten, geltend zu machen und hat auch weiterhin das englische Patent nicht verwertet; nach Abzug der Patentkosten und sonstigen Auslagen dürfte Schönbein an dem englischen Patent ungefähr 10,000 Francs verdient haben.

Die Unterhandlungen mit dem Deutschen Bund nahmen einen merkwürdigen Verlauf; zunächst wurde eine Prüfungskommission ernannt mit General Uhlmann als Vorsitzenden und Baron Lenk als Schriftführer; ausserdem gehörten derselben sachverständige Vertreter der verschiedenen Bundesstaaten an, so Liebig für Hessen, Steinheil für Bayern etc. etc. Diese Kommission begann im März 1847 mit ihren Versuchen; bereits am 2. Juni 1847 äusserte sich Baron Lenk in einem Brief an Böttger günstig über die Erfindung; ebenso Liebig in Giessen in einem Briefe vom 28. März 1848. — Die politischen Ereignisse hemmten den Fortgang der Untersuchung, welche dann Ende 1851 oder Anfang 1852 durch ein Gutachten ihren Abschluss fand, welches nach allen Richtungen hin ablehnend lautete. Hiebei scheinen politische Momente eine Hauptrolle gespielt zu haben; das eifrigste, wohl überhaupt das einzig arbeitende Mitglied der Kommission war ein österreichischer Offizier, Baron Lenk; dieser hatte offenbar seiner Regierung einen günstigen Bericht unterbreitet; wäre nun die Erfindung vom Deutschen Bunde angekauft worden, so hätte sie *allen* deutschen Staaten, also auch Preussen gehört; lehnte der Bund den Kauf ab, so war die Möglichkeit gegeben, sie für Oesterreich allein zu erwerben, das mit der besseren Waffe dann die Ueberlegenheit gewann.

Georg W. A. Kahlbaum, dessen Schönbein-Monographie wir diese Darstellung entnehmen, ist der Ansicht, dass daher nur politische Gründe die ungünstige oder richtiger gesagt diplomatische Abfassung des Berichtes veranlassten. Tatsächlich traten jetzt an Stelle der Unterhandlungen mit dem Deutschen Bund Verhandlungen mit den österreichischen Behörden, die gegen Ende des Jahres 1852 zum Abschluss gelangten; gegen Zahlung von 30,000 Gulden traten die beiden Partner ihre Erfindung an die Kaiserlich-Königliche Oesterreichische Regierung ab und Baron Lenk richtete in Hirtenberg bei Wiener-Neustadt eine Schiesswoll-Fabrik für die österreichische Regierung ein. Auf die Verwertungsresultate in den anderen Staaten können wir hier nicht eingehen; im Ganzen dürfte Schönbein an der Schiessbaumwolle 90 bis 100,000 Francs verdient haben.

Im Jahre 1852 war vom Kaiser von Oesterreich eine Kommission ernannt worden, um die Schiesswolle nach allen Richtungen hin auf ihre Brauchbarkeit für Kriegszwecke gründlich zu prüfen*); Feldmarschall von Hauslab präsidierte dieser Kommission; die Versuche begannen im April 1853 und dauerten mit mehrfachen Unterbrechungen bis zum Sommer 1865.

Im Jahre 1853 wurde, wie schon erwähnt, die Hirtenberger Schiesswollfabrik gegründet und die Herstellung einer Schiesswoll-Zwölfpfünder-Batterie nach einer von Baron Lenk angegebenen Konstruktion be-

*) cf. Rutzky und v. Grahl: Das gezogene Schiesswollgeschütz, Wien 1862.

schlossen; dieser ersten Batterie gesellten sich bald noch vier gleiche hinzu, so dass die k. k. Artillerie schon im Jahre 1855 fünf völlig kriegsfertige Schiesswollbatterien, die jeden Augenblick ins Feld rücken konnten, besass. Allein der damals in Aussicht stehende Feldzug unterblieb und die dann eintretenden Reduktionen erstreckten sich auch auf die zur Reserve gehörigen Schiesswoll-Batterien, deren Auflösung unter Verbringung des Materials in die Depots anbefohlen wurde. Die depositierten Geschütze wurden auf Anordnung der General-Artillerie-Direktion untersucht und es ergab sich, dass sie vielfach beschädigt waren. Das hatte mit der damals allgemein erfolgten Verwerfung der Schiesswolle im Auslande zur Folge, dass von der ferneren Aufstellung solcher Batterien Abstand genommen wurde. Feldmarschall-Leutnant von Hauslab, der am eifrigsten für die Schiesswolle gekämpft, wurde vielfach angegriffen und beantragte Auflösung der unter seinem Vorsitze arbeitenden Kommission und Uebertragung ihrer Aufgaben auf das zu jener Zeit geschaffene k. k. Artillerie-Comité, welchem Antrage auch stattgegeben wurde.

In den folgenden Jahren, 1856/57, beschränkte sich von Lenk grösstenteils darauf, seine Schiesswolle durch das Genie-Comité bei Sprengungen prüfen zu lassen; im Jahre 1858 wurden jedoch durch das Artillerie-Comité abermals Schiessversuche mit Schiessbaumwolle angestellt, welche 1859 noch während des italienischen Krieges dazu führten, dass die Bereithaltung dreier Schiesswollbatterien anbefohlen wurde, welche allerdings infolge des Friedens von Villafranca nicht ins Feld rücken konnten. Da aber die Erfahrungen des Feldzuges Oesterreich nötigten, eine völlige Umgestaltung seines Schiesswesens vorzunehmen, so eröffneten sich für die Schiesswolle neue Aussichten. Baron Lenk konstruierte ein gezogenes Bronce-Geschütz, bei welchem die Schiesswolle sowohl als Treibmittel wie als Hohlgeschossladung Verwendung finden sollte; zur Verwendung als Treibmittel war die Schiessbaumwolle in Schnurform gesponnen und auf cylindrische, innen leere Holzdosen, die beim Schuss natürlich zerstört wurden, aufgewickelt; die äussere Hülle bildete Schafwollzeug; die Schiesswollkartuschen waren immer genau eben so gross wie die aequivalenten Schwarzpulver-Kartuschen. Als Geschoss-Sprengladung war die Schiessbaumwolle in Mengen von $2^1/_2$, 3 oder 7 Lot in Spitz-Hohlgeschosse eingeschlossen, die Explosion erfolgte durch einen Aufschlagzünder. — Bei den Versuchen im Jahre 1860 wurde bei sämtlichen Geschützen als Geschoss Sprengladung Schiessbaumwolle verwendet, dagegen als Treibmittel bei der einen Hälfte der Geschütze Schwarzpulver, bei der anderen Hälfte Schiessbaumwolle. Der Vergleich fiel in Bezug auf Fortfall der Belästigungen durch den Rauch, sowie in Bezug auf die Feuergeschwindigkeit sehr zu Gunsten der Schiesswolle aus; zugleich lieferten die Versuche den Beweis, dass — wenn sich die Schiesswolle schliesslich als unbrauchbar erweisen sollte, — die Geschütze als Pulver-Geschütze Wert behalten würden; man fuhr daher bis zum Frühjahr 1862 mit der Beschaffung von Schiesswoll-Batterien fort und stellte nach und nach deren 30 auf. — Es kam nun aber öfters vor, dass die Hohlgeschosse noch in der Bohrung des Rohres zersprangen (sog. Rohrkrepierer), wodurch langwierige Reparaturen nötig wurden; diese Rohrkrepierer von Schiesswoll-Hohlgeschossen traten nicht ein, wenn man die Geschosse mit Schwarzpulver-Treibladung abschoss; sie machten sich aber bemerkbar, wenn man Schiesswolle auch als Treibmittel anwandte, sei es infolge von unmittelbarem Zerschlagen der Geschosse durch die Treibladung oder infolge von vorzeitiger Entzündung der Sprengladung durch die eintretende Stauung. Die Rohrkrepierer veranlassten umständliche Reparaturen, welche im Ernstfalle überhaupt nicht ausführbar sein konnten. Da die Rohrkrepierer, wie schon erwähnt, bei der Verwendung von Schwarzpulver-Treibladungen verhältnismässig gar nicht vorkamen, konnte man sie weder den Sprengladungen noch den Zündern der Geschosse, sondern lediglich der Schiesswolle als Schiesspräparat zur Last legen; jedenfalls erregten sie wieder vielfache Bedenken gegen das neue Treibmittel. Bald darauf, am 30. Juli 1862, ereignete sich in Hirtenberg eine grosse Explosion, welche das Schiesswoll-Depot auf der Simmeringer Heide zerstörte; diese Katastrophe konnte nur auf Selbstentzündung des gelagerten Materials zurückgeführt werden und machte einen tiefgehenden Eindruck; sie führte in Oesterreich zunächst dazu, auf die Verwendung der Schiessbaumwolle als Treibmittel zu verzichten.

Bisher waren die Ansichten über die Verwendbarkeit zu Schiesszwecken aus technischen Gründen auseinandergehende; allein der Glaube an die Stabilität der v. Lenk'schen Schiessbaumwolle war unerschüttert geblieben; man hatte angenommen, es sei den Bemühungen v. Lenk's gelungen, ein haltbares Material herzustellen und Explosionen, wie die 1847 zu Faversham in England, 1848 zu Vincennes und Le Bouchet in Frankreich seien unmöglich geworden. Thatsächlich hatte der k. k. Hauptmann, spätere Feldmarschall-Leutnant Wilhelm Freiherr Lenk von Wolfsberg, welcher Mitglied der auf Antrag Schönbein's im Jahre 1846 vom Deutschen Bundestag eingesetzten Kommission gewesen war und die in Mainz seinerzeit begonnenen Versuche in Wien fortsetzte, ein Herstellungsverfahren ausgearbeitet, welches entschieden einen grossen Fortschritt bedeutete und in den Grundzügen heute noch massgebend ist. In den ersten Jahren hatten sich einerseits in denjenigen Stadien der Fabrikation, in welchen bereits entstandene Schiessbaumwolle mit Säure in Berührung war, Explosionen ereignet; andrerseits hatte sich die Lagerung des fertiggestellten Produktes als äusserst gefährlich erwiesen. Baron Lenk ging nun bei seinem Verfahren zunächst davon aus, dass die im Handel vorkommende Baumwolle mehr oder minder mit Fremdstoffen verunreinigt ist und deshalb von allen Unreinlichkeiten, namentlich von allen Fettstoffen, sorgfältig befreit werden muss, wenn man sie in Schiesswolle umwandeln will, weil es namentlich die Fettstoffe sind, welche die Umwandlungsmanipulationen sehr gefährlich machen und auf die Güte des Produkts und die Konservierung desselben einen sehr nachteiligen Einfluss üben. Deshalb wurden die Baumwollsträhne in heisser Pottasche-Lösung von 3° Beaumé entfettet, gewaschen und getrocknet. Die Nitrierung erfolgte durch eine Mischsäure von 1 Teil Salpetersäure (spec. Gewicht 1.48) und 3 Teilen Schwefelsäure (spez. Gewicht 1.835) in einem gusseisernen, wannenartigen Tauchapparat; auf 1 Teil Baumwolle wurden 20 Teile des Säuregemisches verwendet; die alsdann schwach ausgedrückte Baumwolle kam nochmals in das Zehnfache ihres Gewichtes eines frischen Säuregemisches, in welchem sie 48 Stunden lang verblieb; hienach wurde sie herausgenommen und der Säure-Ueberschuss durch Centrifugieren möglichst entfernt. Hierauf kam die nitrierte Baumwolle in kupferne Waschtrommeln, durch welche ununterbrochen frisches Wasser floss, um möglichst die letzten Spuren von Säure wegzunehmen; diese Operation wurde 14 Tage lang fortgesetzt; dann wurde die Schiessbaumwolle mit gewöhnlichem Seifenwasser ausgekocht und schliesslich in eine Wasserglaslösung getaucht und zwar benützte man eine wässrige Lösung von kieselsaurem Natron von 12° Beaumé; dann wurde das Produkt getrocknet. Die Imprägnierung der Schiesswolle mit Wasserglas, welches nachher in kohlensaures Natron und Kieselsäure zerfiel, hatte den Zweck, durch das in statu nascendi befindliche Alkali etwaige Säurereste zu binden und daneben den zweiten, durch Einbringen der unverbrennlichen Kieselsäure in die Poren der

Schiessbaumwolle diese dichter und weniger schnell verbrennlich zu machen; sie erwies sich später als ohne Nutzen; die sonstigen Besonderheiten der v. Lenk'schen Fabrikationsmethode, insbesondere die sorgfältige Reinigung der Baumwolle vor und nach der Nitration erwiesen sich als vorteilhaft und es wurde danach unter der Leitung v. Lenk's in Hirtenberg fabriziert. — So lange als man in Oesterreich auf die Verwendung der Schiessbaumwolle als Treibmittel noch nicht verzichtet hatte (bis 1862), wurde das Herstellungsverfahren offiziell geheim gehalten; dann aber durfte v. Lenk dem Kaiser Napoleon auf dessen Verlangen persönlich Proben seines Schiesswoll-Präparates überreichen und Mitteilungen machen, auf Grund deren man dann in Frankreich wieder eine kurze Zeit lang Versuche mit Schiessbaumwolle anstellte, auch in England Auskünfte geben, die von Abel auch später nutzbar gemacht wurden und in den Vereinigten Staaten von Nordamerika im Jahre 1864 ein Patent nehmen. — Nach der Explosion des Jahres 1862 behielt man in Oesterreich die Schiessbaumwolle noch 3 Jahre lang für Hohlgeschoss-Ladungen und andere Sprengzwecke bei; als aber im Jahre 1865 eine zweite Magazin-Explosion auf der Steinfelder Heide bei Wiener-Neustadt erfolgte, machte ein kaiserlicher Befehl vom 11. Oktober 1865 jeder Schiesswollherstellung in Oesterreich ein Ende.

Betrachten wir nun die Erfahrungen, welche bis dahin mit dem neuen Explosivstoff besonders als Treibmittel gemacht worden waren.*) Schon die ersten Berichte hoben diejenigen seiner Eigenschaften hervor, welche immer wieder zu Versuchen mit ihm ermunterten und diejenigen, welche zeitweilig an seinem Geeignetsein zum Ersatz des alten Schiesspulvers ganz verzweifeln liessen. Was man dem neuen

*) Vgl. v. Romocki, die rauchschwachen Pulver.

Schiesspräparat im Vergleich zum Schwarzpulver hauptsächlich nachrühmte, war

1. seine bei weitem grössere Kraftentwicklung und
2. der fast gänzlich fortfallende Rauch und Rückstand, sowie auch der — wenigstens in einiger Entfernung geringere — Knall; was man ihm vorwarf, war
1. die Gefährlichkeit der Herstellung und Unstabilität der Lagerung und
2. die Ungleichmässigkeit und allzugrosse Brisanz der Wirkung, welche den Feuerwaffen nachteilig war und Misstände im Gefolge hatte.

Wir wollen zunächst die Vorzüge ins Auge fassen.

1. Die grössere Kraftentwicklung. Wie viel potentielle Energie ein Explosivstoff besitzt, d. h. wie viel mechanische Arbeit er überhaupt leisten kann, ergibt sich durch Messung der bei der Explosion entwickelten Wärmemenge. Theoretisch ist diese Wärmemenge gleich der Differenz aus der Wärmemenge, welche die bei der Explosion neu entstehenden Körper bei ihrer Bildung abgeben, minus der, welche der explodierende Stoff zu seiner Zersetzung braucht. Für Schiessbaumwolle berechnen sich theoretisch circa 1070 Calorien und soviel fanden auch Sarrau und Vicille bei ihren experimentellen calorimetrischen Versuchen; für Schwarzpulver ist die entsprechende Zahl etwa 750 Calorien. — Multiplicieren wir beide Zahlen mit 424.4, so erhalten wir die Anzahl der Kilogramm-Meter lebendige Kraft, welche ein Kilogramm von jedem der beiden Explosivstoffe in einer Feuerwaffe dem Geschosse mitteilen würde, wenn es gelänge, die ganze von der Explosion entwickelte Wärmemenge für die Fortbewegung des Geschosses nutzbar zu machen. Dies gelingt aber nur zum Teil und zwar für die verschiedenen Explosivstoffe zu einem verschieden grossen Teil, denn

a) bei jedem Schiessen geht ein ganz erheblicher Teil der von der Ladung entwickelten Wärme unmittelbar als solche durch Erhitzung des Laufes

u. s. w. verloren. Da für diese Verlustziffer die Zeitdauer bestimmend ist, so ist der Verlust für die rasche Explosion der Schiessbaumwolle relativ geringer als für die eine längere Zeit erfordernde Explosion des Schwarzpulvers.

b) Ausser der Wärme-Abgabe an das Material entsteht ein weiterer Wärmeverlust beim Schiessen stets deshalb, weil es praktisch unmöglich ist, die Läufe von Feuerwaffen so lang zu machen, dass im Augenblick, wo das Geschoss den Lauf verlässt, die Gase der Treibladung keine Energie mehr in sich führen; sie besitzen stets noch eine hohe Temperatur und Spannung; dem Ideal einer vollkommenen Energie-Ausnützung nähern kann man sich natürlich am leichtesten mit schnell wirkenden Treibmitteln.

c) Ein Teil der Kraft wirkt rückwirkend und macht sich entweder als Rückstoss direkt bemerkbar oder indirekt durch Formänderungen im Material; aus den sub a) angeführten Gründen ist der Gesamtrückstoss-Wert bei der Schiessbaumwolle geringer als bei Schiesspulver.

In diesen 3 Punkten, besonders dem zweiten, ist es hauptsächlich begründet, dass die Schiessbaumwolle unter sonst gleichen Umständen noch weit mehr leistet als $\frac{1070}{750}$ der Leistung des Schwarzpulvers.

Die ersten offiziellen Angaben über die Ergebnisse vergleichender Schiessversuche mit Schiessbaumwolle und Schwarzpulver gelangten von England aus an die Oeffentlichkeit: Schönbein selbst schrieb aus England am 18. Oktober 1846 an die Allgemeine Zeitung, drei Gewichtsteile seiner Schiessbaumwolle hätten in Geschützen ebensoviel geleistet wie acht Teile besten Schwarzpulvers; dasselbe Verhältnis — also eine etwa $2^1/_2$ mal grössere Leistung der Schiessbaumwolle — finden wir im Grossen und Ganzen

So bildet sich also auch in unserem Klima unter Umständen salpeterhaltige Erde; Kalisalpeter ist ja das Kaliumsalz der Salpetersäure und diese ist das Endprodukt der Oxydation stickstoffhaltiger organischer Stoffe; salpetersaure Salze oder Nitrate entstehen überall aus verwesenden thierischen oder pflanzlichen Substanzen bei Gegenwart von Metalloxyden (Basen) und unter Mitwirkung von Spaltpilzen, den sogenannten Salpeter-Fermenten.

In Aegypten, Spanien, Ungarn und anderen Ländern betrieb man früher sog. *Salpeter-Plantagen;* man setzte ein Gemenge von stickstoffhaltigen thierischen Substanzen (Harn, Mistjauche, Fleischabfälle aller Art) in faulendem und verwesendem Zustande einerseits und von Kalium- und Kalksalzen (Holzasche, kaliumhaltigen Gebirgsarten, wie verwitterten Feldspath, Bauschutt u. s. w.) andererseits der Einwirkung der Luft aus; diese mauer- und terrassenförmig aufgeschichteten Massen liess man Monate, ja Jahre lang liegen und laugte sie dann mit Wasser aus; die ausgelaugten Salze, ein Gemenge von Kalium-, Calcium- und Magnesium-Salpeter, wurden durch Behandeln mit Kaliumsalzen in Kaliumsalpeter übergeführt.

Der aus den Salpeter-Witterungen und Erden erhaltene Rohsalpeter enthält zwischen 15 und 20 % Verunreinigungen durch fremde Salze, organische Stoffe u. dgl. und muss daher durch Umkrystallisieren gereinigt werden.

Jetzt wird die Hauptmenge des Kalisalpeters aus dem Natronsalpeter gewonnen, welch' letzterer sich in grossen natürlichen Lagern in Südamerika, besonders in Chile vorfindet (Chilesalpeter), die in den 20iger Jahren des abgelaufenen Jahrhunderts entdeckt wurden; diese natürliche Salpetererde (Caliche), mit einem Gehalt von 15—65% Natriumnitrat, ist wahrscheinlich aus Seepflanzen, vielleicht unter Mitwirkung von Guano, entstanden.

Der Gesamtvorrat an Chilesalpeter soll noch etwa 30 Millionen Tonnen betragen, dürfte also bei einer jährlichen Förderung von 1—1½ Mill. Tonnen in nicht allzuferner Zeit erschöpft sein. Bis dahin sind aber zweifellos rationelle Methoden ausgearbeitet, um aus dem Stickstoff der Luft durch Elektrizität, Kontaktwirkung, oder genau studierte bakterielle Vorgänge salpetersaure Salze zu erzeugen.

Während des Jahres 1901 waren in dem Salpeter-Distrikt Chiles, in Tarapaca, 66 Salpeter-Werke mit über 20000 Arbeitern im Betrieb; 19 Werke waren geschlossen. Die reichsten und am leichtesten auszubeutenden Salpeter-Gründe der Tarapaca-Zone sind übrigens erschöpft und es verbleiben nur die ärmeren und viel tiefer liegenden Ablagerungen, für welche eine weit grössere Zahl von Arbeitskräften nötig wird. Trotzdem wird immer wieder Kapital in neue Werke gesteckt, da infolge der Salpeter-Konvention, billiger Ozeanfrachten etc. etc. die Salpeter-Gesellschaften gut prosperieren. Die Ausfuhr betrug 1901 1.4 Millionen Tonnen, für 1902 wird dieselbe auf 1.65 Millionen Tonnen geschätzt.

Der Natronsalpeter selbst ist für die Pulverfabrikation ungeeignet, weil er Wasser anzieht, hygroskopisch ist; er wird daher — soweit er für die Pulverfabrikation bestimmt ist, der grösste Teil des Chilesalpeters dient ja als Düngemittel für die Landwirtschaft, ein anderer Teil zur Fabrikation der Salpetersäure — durch Behandeln mit Kalisalzen (früher nahm man Kalilauge, dann Potasche, jetzt verwendet man das in Stassfurt gewonnene Chlorkalium; heisse gesättigte Lösungen von 8 Teilen Chilesalpeter und 7 Teilen Chlorkalium werden mit einander vermischt und erkalten lassen, wobei Kalisalpeter auskrystallisiert, während das gleichzeitig gebildete Chlornatrium in der Mutterlauge gelöst bleibt) in Kaliumsalpeter verwandelt; das so hergestellte Produkt führt den Namen Konversions-Salpeter.

Natronsalpeter wird nur zu einigen Sorten Sprengpulver, nie aber zu Schiesspulver verwendet, weil das daraus hergestellte Produkt gegen Luftfeuchtigkeit zu empfindlich ist und zudem beim Verbrennen mehr Rückstand hinterlässt als das mit Kalisalpeter hergestellte.

Zur Verwendung für die Pulverfabrikation muss der Kalisalpeter möglichst rein sein, er wird daher wiederholt raffiniert. Zur Kontrole prüft man auf Verunreinigungen durch Kochsalz; man nimmt an, dass nach dessen Entfernung auch fremde Salze in gleichem Masse abwesend sind.

Die preussische Pulverfabrik in Spandau verarbeitet keinen Salpeter, von dem 15 g in Wasser gelöst mit Silbernitrat eine Trübung geben.

Der in der englischen Pulverfabrik in Waltham Abbey zur Verwendung gelangende Salpeter darf überhaupt keine Chlor-Reaktion mehr zeigen.

Der Konversions-Salpeter war bis vor wenigen Jahren öfters durch geringe Beimengungen von Perchloraten verunreinigt, welche bei der obigen Prüfungsmethode der Aufmerksamkeit der deutschen Fabrikanten entgangen waren, aber zur Folge hatten, dass das aus deutschem Salpeter hergestellte Schiesspulver in den Augen englischer Militärs und Jagdliebhaber als minderwertig gegenüber dem aus ostindischem Salpeter hergestellten Produkt galt und es infolge der erwähnten Verunreinigung auch thatsächlich war, wie zuerst Major Hellich dann im Jahre 1894 feststellte.

Der zweite Bestandteil des Schwarzpulvers ist der *Schwefel.* Dieses Element findet sich bekanntlich in grosser Menge in Sizilien, wo es in 30 bis 40 Meter mächtigen Lagern den Kalkstein und Gyps des Tertiärgebirges durchsetzt; der sizilianische Rohschwefel muss vor seiner Verwendung durch Destillation gereinigt werden (Schwefel siedet bei 448^0); man benützt dann nicht die unreinen Schwefelblumen, sondern nur den Stangenschwefel, den man manchmal noch langsam eingeschmolzen durch Gaze oder Leinwand filtriert. Um den Schwefel ohne Entzündungsgefahr ganz fein pulverisieren zu können, leitet man während des Mahlens ein inertes Gas, wie z. B. Kohlensäure, unter Druck und in einem Kreislauf durch den Arbeitsraum (D. R. P. 136 547).

Einen sehr reinen Schwefel gewinnt man zur Zeit in England aus den sog. Soda-Rückständen.

Wenn man nämlich aus Natriumsulfat, Kohle und Calciumcarbonat nach dem Verfahren von Leblanc Soda herstellt, so entsteht als sehr unangenehmes Nebenprodukt Schwefelcalcium; Chance und Claus haben nun 1885 gelehrt, hieraus reinen Schwefel herzustellen; das Verfahren ist auf den Werken der United-Alc. Comp. in grösstem Massstabe eingeführt und liefert jährlich ca. 30 000 t regenerierten Schwefel.

Zu dem Salpeter und Schwefel gesellt sich als dritte Komponente die *Holzkohle.*

Die Beschaffenheit der Kohle ist von grösster Bedeutung; dieselbe soll spezifisch leicht, porös, weich und leicht zerreiblich sein, sie soll sich leicht entzünden und schnell verbrennen, dabei soll sie möglichst wenig Aschen-Rückstand hinterlassen; ferner soll sie beim Aufbewahren möglichst wenig Feuchtigkeit anziehen.

Das Vorhandensein dieser Eigenschaften, welche die Tauglichkeit der Kohle bedingen, hängt ab einerseits von den Pflanzenarten, aus welchen dieselbe hergestellt ist, andererseits von der Art ihrer Verkohlung.

In Deutschland, Belgien und Frankreich verwendet man, besonders für Schiesspulver, hauptsächlich Faulbaumholz (Rhamnus frangula), daneben Weiden- und Erlenholz, besonders für die billigen Sprengpulversorten; in Frankreich verwendet man auch Pappel- und Lindenholz, in der Schweiz nimmt man Haselnussholz, in Oesterreich Hundsbeer-, oder in dessen Ermanglung Haselnuss- oder Erlenholz, in

England neben Faulbaumholz Cornelkirschen- und Haselnussholz, in Italien Hanf, in Spanien Hanf, Flachs, Weinreben, Oleander-, Weidenholz u. s. w. Das Holz wird im Frühjahr geschlagen, wenn die Bäume in vollem Saft stehen und noch wenige salzige Lösungen enthalten, auch die Rinde sich gut ablösen lässt. Man verwendet dünne Zweige, stärkere werden gespalten. Das entrindete Holz lässt man längere Zeit, oft Jahre lang, der Witterung ausgesetzt liegen, damit die Pflanzensäfte durch den Regen ausgelaugt werden.

Eine wesentliche Rolle spielt nun die Dauer und Temperatur der Verkohlung.

Man kann schon bei 270 bis 300° verkohlen und erhält dann eine braunrote Kohle, sog. Rotkohle, von niedrigem spezif. Gewicht und leichter Entzündlichkeit; diese Kohle wird besonders zu Jagdpulver verwendet, bei welchem es auf rasche Zündung ankommt; auch zu dem braunen prismatischen Geschützpulver verwendet man Rotkohle, welche für diesen Zweck gewöhnlich aus Stroh hergestellt wird.

Für das gewöhnliche Schwarzpulver verkohlt man bei 300 bis 400°; man erhält dann eine Kohle von tiefschwarzer Farbe und glattem Bruch, welche sich leicht zerkleinern lässt.

Bei je höherer Temperatur verkohlt wurde, umso weniger leicht entzündlich ist die erhaltene Kohle; sie ist dann aber auch weniger hygroskopisch.

Die erhaltene Pulverkohle ist niemals reiner Kohlenstoff; ihr Gehalt an Kohlenstoff ist abhängig von der angewandten Temperatur und steigt mit derselben.

Die frisch bereitete Pulverkohle besitzt Neigung zur Selbstentzündung, darf daher erst nach längerem Lagern verwendet werden. Zur Erzielung einer guten Ausbeute muss die Verkohlung möglichst langsam vorgenommen werden; an sich nimmt die Ausbeute mit steigender Verkohlungstemperatur ab.

Violette hat über diese Verhältnisse eingehendere Untersuchungen angestellt, wir geben (nach Hell's Handwörterbuch der Chemie) hierüber folgende Tabelle:

Temperatur der Verkohlung	Spezifisches Gewicht	Entzündlichkeit	Gefundene Bestandteile von 100 Teilen Kohle				Ausbeute aus 100 Teilen bei 150° getrocknetem Holz	Bemerkungen
			Kohlenstoff	Wasserstoff	Stickstoff Sauerstoff Verlust	Asche		
			%	%	%	%	%	
260°	1.40 bis 1.41	340° bis 360°	67.9	5.—	26.5	0.6	40.28	rotbraune Kohle
280°			72.6	4.7	22.1	0.6	36.16	
290°	1.41 bis 1.50	360° bis 370°	72.5	5.—	22.—	0.6	34.09	ins Schwarze übergehend
350°			76.6	4.1	18.4	0.6	29.66	sehr schwarz, gut für Militärpulver
432°	1.709	400°	81.6	2.—	15.2	1.2	18.87	schwarz und sehr hart.
1023°	1.841	600-800°	82.—	2.2	14.1	1.6	18.75	

In den preussischen Militärpulverfabriken wurde mit 29 % Ausbeute verkohlt.

Die bei 270—400° hergestellte Holzkohle hat die Eigenschaft, in Gemengen mit Schwefel sich schon bei 250° zu entzünden und ganz abzubrennen; auch die Einwirkung der Holzkohle auf den Salpeter ist abhängig von der Temperatur, bei welcher verkohlt wurde; nach Gutmann zersetzen die bei 270—432° bereiteten Kohlen den Salpeter bei 400°, während die bei 1000—1500° hergestellten Holzkohlen den Salpeter erst bei Rotglühhitze zersetzen.

Was die Art der Verkohlung betrifft, so geschieht solche fast allgemein in Cylindern, welche durch direkte Feuerung oder überhitzten Wasserdampf erwärmt werden; die Verkohlungsanlagen bestehen aus eingemauerten gusseisernen Retorten, in welchen schmiedeeiserne Cylinder eingelegt sind und welche mit Vorrichtungen versehen sind, um die Gase nach der Feuerung zur Verbrennung oder direkt nach dem Schornstein abzuleiten.

Besonders bei der direkten Feuerung ist die erhaltene Kohle nicht ganz gleichmässig und muss sortiert werden; auch muss der schwer entzündliche und harte Glanzruss entfernt werden.

Die von Violette zuerst eingeführte Erhitzung mit Wasserdampf gibt ein gleichmässigeres Produkt, ist aber etwas teurer.

In der Praxis gebraucht man die Ausdrücke: 25-, 30- oder 70%ige Kohle, wenn aus 100 kg Holz 25, 30 oder 70 kg Kohle gewonnen werden. Für 25% Ausbeute wird das Holz in *festliegenden*, für 30% (Gewehrpulver) in *drehbaren* eisernen Zylindern über Kohlenfeuer geglüht, für 70% Ausbeute (für das braune prismat. Pulver) mittelst Wasserdampf gedörrt.

Die drei genannten Bestandteile, der Kalisalpeter (KNO_3), der Schwefel (S) und die Holzkohle (C) werden für *Kriegspulver* (Gewehr- und Geschützpulver) gewöhnlich in dem Verhältnis:

75 Teilen Salpeter : 10 Teilen Schwefel : 15 Teilen Kohle gemengt; beim amerikanischen Militärpulver war das Verhältnis 76 : 10 : 14, in Deuschland war die Dosierung folgende:

Gewöhnl. Geschützpulver	74 gem. Teile Salpeter
Prismatisches Pulver C/68	16 „ „ (25%ige) Kohle
„ C/75	10 „ „ Schwefel
	76 gem. Teile Salpeter
Neues Gewehrpulver M/71	15 „ „ (30%ige) Kohle
	9 „ „ Schwefel

Ein Pulver von der Zusammensetzung 74,7 Salpeter + 10,1 Schwefel + 14,2 Kohle (bestehend aus 12,1 Kohlenstoff + 0,4 Wasserstoff + 1,45 Sauerstoff + 0,2 Asche) + 1,0 Wasser entspricht der Formel 16 KNO_3 + 7 S + 21 C und wir werden später sehen, dass auf Grund theoretischer Betrachtungen eine Mischung von 16 KNO_3 + 8 S + 22 C, welche also der vorstehenden empirischen Zusammensetzung sehr nahe kommt, am besten der Anforderung entspricht, bei möglichst kleinem Kohlenstoff- und Schwefelgehalt die grösste Leistungsfähigkeit zu besitzen und den geringsten Rückstand zu hinterlassen.

(Das braune prismatische Geschützpulver, mit dem wir uns später beschäftigen werden, hat eine andere Zusammensetzung, nämlich:

78 gem. Teile Salpeter
19 „ „ (70 %ige) Kohle
3 „ „ Schwefel.

Beim *Jagdpulver* nimmt man mehr Salpeter als bei dem Militärpulver, da man leichtere Entzündlichkeit anstrebt; das Mischungsverhältnis ist hier gewöhnlich 78:10:12; für Jagdpulver verwendet man Rotkohle, die aus Faulbaum- oder ähnlichem Holz hergestellt wird und sich eher entzündet als Schwarzkohle.

Sprengpulver soll möglichst billig sein, man nimmt daher weniger Salpeter; die Zusammensetzung ist eine wechselnde, 65—70 Teile Salpeter, 12—18 Teile Schwefel, 15—20 Teile Kohle.

Die Herstellung des Schwarzpulvers aus seinen drei Bestandteilen umfasst eine lange Reihe von Operationen, nämlich das *Zerkleinern* der Bestandteile, das *Mengen* derselben, das *Verdichten* des Gemenges (des sog. Pulversatzes), das *Körnen*, das *Trocknen* an der Luft, das *Ausstäuben* und *Sortieren* des lufttrocknen Pulvers, das *Polieren*, das *völlige Trocknen* des Pulvers und endlich das *Ausstäuben, Sortieren und Mengen* des fertigen Pulvers.

Zuerst werden also die Rohstoffe (Salpeter, Schwefel und Kohle) möglichst *zerkleinert* und zwar jeder Rohstoff einzeln für sich oder aber je zwei Bestandteile zusammen (Salpeter und Kohle einerseits, Kohle und Schwefel andrerseits); das Zerkleinern erfolgt in hölzernen, mit Sohlleder überzogenen oder aber in eisernen Pulverisier-Trommeln durch kleine Bronzekugeln. Die binären Sätze sind so zusammengestellt, dass ihre Mischung — der ternäre Satz — dann die gewünschte Zusammensetzung der Pulvermasse ergibt. Das *Mengen* des Pulversatzes geschieht in sich drehenden Trommeln aus dickem Sohlleder durch grössere Pockholz- oder auch Bronzekugeln. Die fertige Pulvermischung muss sich sammtartig anfühlen, gleichmässig grau gefärbt und selbst unter der Lupe homogen erscheinen.

Die einfache Mischung der drei feinpulvrigen Bestandteile heisst Mehlpulver; in diesem Zustand wird das Pulver nur in der Feuerwerkerei und zum Füllen von Zündschnüren verwendet; zum Schiessen und Sprengen ist das Mehlpulver nicht geeignet, weil es zu langsam abbrennt, auch stäubt und sich entmischt; es muss daher *gedichtet* und *gekörnt* werden.

Zunächst kommt das Pulver auf den Kollergang; bei diesem bewegen sich zwei Hartgusswalzen (sog. Läufer) von 5250 kg Gewicht mit etwa $7^1/_2$ Umgängen in der Minute auf einer gusseisernen Bodenplatte, dem sog. Teller, auf welchem das mit 10 % Wasser versetzte Pulver sich befindet; das Pulver wird angefeuchtet und andauernd feucht gehalten, um eine Explosionsgefahr zu vermeiden; aus letzterem Grunde ist auch die Konstruktion des Kollerganges derart, dass die Läufer aufgehängt sind, damit sie zwar mit vollem Gewicht auf dem Pulversatz aufliegen, aber den Bodenteller nicht berühren. Die Läufer (auch „Steine“ genannt) sind durch eine wagrechte Achse verbunden und drehen sich gemeinsam um diese, sowie um eine in der Mitte zwischen ihnen liegende Welle („Königsbaum"); sie können daher auf ihrer kreisrunden Bahn nicht einfach *rollen*, sondern werden zugleich gezwungen, fortwährend seitwärts zu *gleiten;* auf dieser Art der Bewegung beruht, neben dem beträchtlichen Gewicht und der Härte der Steine, wesentlich die *zermalmende* Wirkung der Läuferarbeit. — Früher bediente man sich statt der Läufer (oder Kollergänge) allgemein der weit weniger wirksamen *Stampfer,* die das Gemenge in einem mörserartigen Gefäss zerstampften. Die Behandlung in den Kollermühlen, welche bei Militärpulver 3 Stunden, bei Jagdpulver $3^1/_2$—$4^1/_2$ Stunden dauert, bewirkt eine noch innigere Mischung, allein sie dichtet noch nicht den Pulversatz, der im Gegenteil durch das Kollern spezifisch leichter geworden ist, sich dann aber besser pressen lässt; letztere Manipulation, das eigentliche *Verdichten,* erfolgt gewöhnlich mittelst hydraulischer Pressen. Zu diesem Zweck wird der beim Kollern erhaltene Pulverkuchen zerkleinert („gequetscht") und gesiebt; es geschieht dies zwischen zwei Paar mit Längsrippen und -Rinnen versehenen Bronzewalzen nebst Zylindersieb, um einen möglichst gleichförmigen Satz für das Pressen zu erhalten (der für Neues Gewehrpulver M/71 bestimmte grobgequetschte Satz wird überdies in Mengtrommeln zerkleinert). Dann wird das noch feuchte Pulver auf Kupfer- oder Bronzeplatten zu 9 cm hohen Lagen ausgebreitet, diese in grösserer Zahl übereinander gestellt und gepresst. Bei einem Drucke von 100—110 Atm. während $1^1/_2$—2 Stunden erhält das Pulver so eine Dichte von 1,7—1,8; für Sprengzwecke wird das Pulver weniger gepresst, das spez. Gewicht des Sprengpulvers beträgt nur etwa 1,5.

Die erhaltenen gepressten Pulverkuchen werden zerschlagen und entweder durch Siebe gedrückt (Lefebure'sche Körnmaschine) oder zwischen längs- und quergeriffelten bronzenen Walzenpaaren *gekörnt* (Walzenkörnmaschine von Congrève); letztere arbeitet einfacher, staubfreier und gleichmässiger; die Körnung ist je nach der Verwendung verschieden. — Zur Herstellung von rundem, sog. nassbrandigem Pulver gibt man nach dem Körnen das Pulver in einen Sack, welcher auf eine Trommel aufgebunden wird; die Trommel wälzt sich mit dem Sacke sowohl um sich selbst als um einen Tisch herum.

Bis heran wurde das Pulver feucht verarbeitet; nun wird dasselbe auf Hürden ausgebreitet und in Trockenhäusern durch die Luft so weit getrocknet, dass es nur noch gegen 2,5—3 % Wasser enthält, grobkörniges Pulver wird bis zu 1,5—1,75 % Feuchtigkeitsgehalt vorgetrocknet. Dieses *lufttrockne* Pulver wird dann ausgestäubt und durch Siebe sortiert; der Staub und die zu grossen Körner kommen in die Fabrik zum Pressen, während das auf den verschiedenen Sieben befindliche Pulver je nach der Grösse Verwendung findet.

Hierauf wird das gekörnte Pulver in sich drehenden Eichenholztrommeln ohne durchgehende Welle *poliert;* es wird hiebei geglättet, die scharfen und leicht abbrechenden Ecken werden etwas abgerundet, die Poren werden verstopft, die Oberfläche wird homogener und dichter. Das polierte Pulver zieht weniger Feuchtigkeit an und setzt weniger Staub ab; das Polieren erfolgt, indem man in rotierenden Trommeln aus Eichenholz die Pulverkörner sich gegen einander reiben lässt. Bei manchen Pulversorten, insbesondere Sprengpulver, gibt man beim Polieren eine geringe Menge fein verteilten Graphit zu; hiedurch wird der Glanz erhöht und die Oberfläche des Pulvers verdichtet, allerdings wird dadurch auch die Entzündlichkeit und die Triebkraft des Pulvers etwas beeinträchtigt. Gegenwärtig liefern übrigens die grösseren Fabriken ein eckiges und nur schwach poliertes Sprengpulver, welches das frühere Erzeugnis an Haltbarkeit übertrifft.

Nach dem Polieren erfolgt die vollständige *Trocknung* bis zur Verringerung der Feuchtigkeit auf 0,5 % des bisher nur lufttrocknen Pulvers in Trockenschränken, die durch Dampf oder Heisswasser auf 40—50° C. erwärmt werden; durch diese künstliche Trocknung werden die noch anhaftenden wenigen Prozente Feuchtigkeit beseitigt. Das trockne Pulver wird dann durch 1/2—1 stündiges Schütteln in Säcken vom Staub befreit und hierauf nochmals sortiert.

Die Korngrösse beträgt für

feines Jagdpulver .		0,3—0,5	mm
Gewehrpulver M/71 . .		0,3—1,3	„
Neues Gewehrpulver M/71		0,76—1,6	„
feinkörniges Geschützpulver .		0,7—1,3	„
grobkörniges „	C/73	4,0—10,0	„
„ „	C/86	6—18	„

Das fertige Schiesspulver wird nun geprüft, d. h. beschossen; je nach dem Ausfall der ballistischen Prüfung vermengt man dann einzelne Tagesproduktionen zu Lieferungen von 5—10 000 Kilo, um die bei der Fabrikation sich ergebenden unvermeidlichen kleinen Unterschiede in Bezug auf Zusammensetzung, Dichte, Feuchtigkeit auszugleichen. Das fertige Pulver wird dann in Tonnen oder luftdichten kupfernen Pulverkasten zu 52,5 bezw. 50 kg Inhalt verpackt.

Die Korngrösse des Sprengpulvers wechselt zwischen weiten Grenzen, von etwa 1—10 mm, je nach den Wünschen der betreffenden Konsumenten, welche teils durch praktische Anforderungen der jeweiligen Gebrauchsweisen bedingt sind, teils aus Vorurteilen gestellt werden. Die am meisten gebräuchliche und beste Korngrösse für Sprengpulver liegt zwischen 5 und 8 mm.

Die Wirkung des Schwarzpulvers überhaupt wird nicht allein durch das Mischungsverhältnis der Bestandteile bedingt, sondern auch durch die physikalische Beschaffenheit. Staubförmiges Pulver brennt langsam ab, gekörntes rascher, und hier wieder feinkörniges, infolge der grösseren Zahl von Zwischenräumen, welche das Umsichgreifen der Flamme befördern, schneller als grobkörniges.

Man muss übrigens unterscheiden zwischen der *Entzündungsdauer*, d. i. der Zeit, welche notwendig ist, damit die ganze Pulverladung sich entzündet, und der *Verbrennungsdauer*, d. i. der Zeit, innerhalb welcher die entzündete Pulverladung abbrennt.

Pulversorten

von Cramer & Buchholz in Rönsahl und Rübeland.

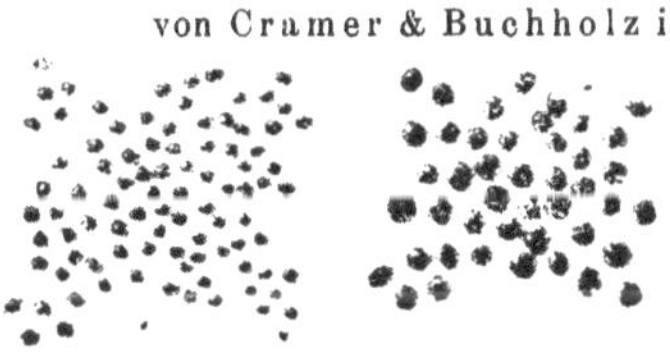

Deutsches Scheibenpulver
(nasser Brand)

No. 4. No. 8.

Extra. bestes Jagdpulver

No. 0/00. No. 1. No. 2. No. 3.

Militär-Pulver

Gewehrpulver M/71 — feinkörniges grobkörniges Geschützpulver

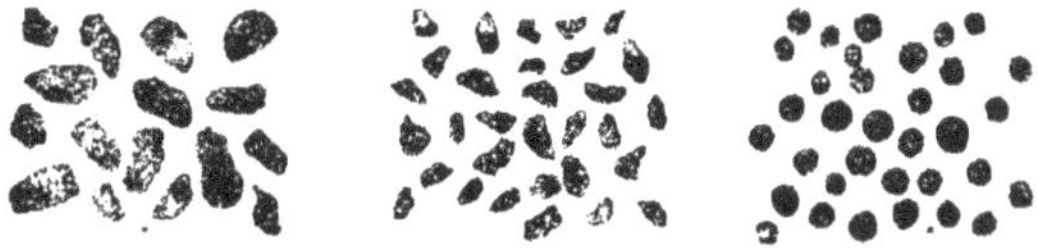

Spreng-Pulver

grobeckig feineckig rund

Bei gekörntem Pulver ist die Entzündungsdauer verhältnismässig lang, wenn wir feinkörniges Pulver haben, da die zu entzündende Gesamtoberfläche gross ist; so kommt es, dass bei starken Ladungen die feinen Körner nicht einmal alle entzündet, sondern zum Teil unverbrannt aus dem Rohr geschleudert werden. Durch grösseres Korn wird die Entzündungsdauer beschleunigt, dagegen wird die Verbrennungsdauer durch grösseres Korn und grössere Dichte verlangsamt.

Hieraus erklärt sich die Wirkungsweise verschiedener Körnergrössen; dieses Verhalten ist besonders wichtig bei Kanonenpulver, wo für jede Rohrlänge und jedes Geschützkaliber eine bestimmte Pulverladung von gewisser Korngrösse bei geringstem Gasdruck die grösste Anfangsgeschwindigkeit ergeben muss.

Im Kriege 1870/71 verfeuerten die deutschen Feldgeschütze noch feinkörniges Geschützpulver; als man das Feldgeschütz Konstruktion 73 einführte, ging man zu einem grobkörnigen Geschützpulver von 4—9 mm Korngrösse über.

Das aus der Kanone gefeuerte Geschoss soll für manche Zwecke eine möglichst grosse lebendige Kraft, Stosskraft, erhalten.

Diese Stosskraft ist ein Faktor des Geschossgewichtes P und der Fluggeschwindigkeit v; sie kann durch die Formel $\frac{P\,v^2}{2g}$ ausgedrückt werden, bei welcher g die Beschleunigung durch die Schwerkraft (9.8 m) darstellt; bei gleichem Geschossgewicht P ist also die aus der Pulverladung sich ergebende Fluggeschwindigkeit v ausschlaggebend.

Will man nun durch einfache Vermehrung der Pulverladung die Fluggeschwindigkeit des Geschosses steigern, so ist zu berücksichtigen, dass auch der Gasdruck beim Abfeuern zunimmt; man muss also dem Geschützrohr die dem vermehrten Gasdruck entsprechende Widerstandsfähigkeit geben, stösst jedoch hiebei bald auf eine technisch durchführbare Grenze.

Jedenfalls erscheint es notwendig, den Gasdruck im Geschütz zu messen; wir geben Beschreibung und Zeichnung der hiezu erfundenen Apparate nach Castner. Den ersten Gasdruckmesser erfand der amerikanische Kapitän Rodmann; seinem Instrument liegt der Gedanke zu Grunde, durch die Pulvergase ein Messer von bestimmten Schneidenwinkeln in eine Kupferplatte eindrücken zu lassen, wodurch in dieser ein Schnitt (weshalb man den Apparat auch Schnittapparat genannt hat) erzeugt wird, dessen Länge mit der Grösse des Gasdruckes wächst. Zur Ermittlung des Gasdruckes nach dem Masse der Schnittlänge dient eine Skala von Schnitten, deren jeder unter einem bestimmtem Druck mittelst einer Maschine hergestellt wurde.

Fig. 2. Gasdruckmesser Rodmann.

Der Rodmann'sche Schnittmesser (Fig. 2 und 3) besteht aus einem stählernen Meissel oder Messer *a* mit pyramidenförmiger Schneide, deren Seitenflächen und Kanten bestimmte Winkel mit einander bilden. Bei Rohren mit Keilverschluss (Fig. 3) wird das Messer in eine kreisrunde Ausdrehung an der Vorderfläche des Keiles *d* so eingesetzt, dass sein walzenförmiger Zapfen oder Schaft von 9,15 mm Durchmesser in einer Durchbohrung der Stahlplatte *c* liegt; er passt saugend in diese hinein und wird durch eine mit Talg gefüllte Rille abgedichtet. Da der Querschnitt des Zapfens 0,657 qcm beträgt, so üben beispielsweise 2500 Atmosphären Gasspannung im Rohr einen Druck von 1642,5 kg auf seine Endfläche aus. Dieser Druck presst die Schneide des Messers in die hinter ihr liegende Kupferplatte *b* hinein und bringt so den Schnitt (Fig. 2) hervor, der mikroskopisch gemessen wird.

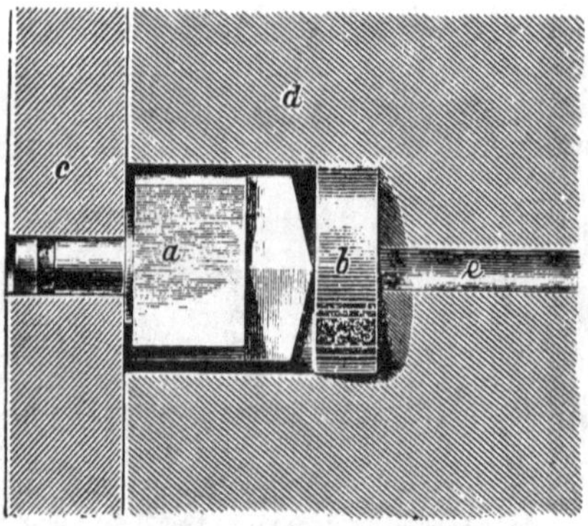

Fig. 3. Gasdruckmesser Rodmann.

Auf einem ähnlichen Prinzip beruht der Stauchapparat des englischen Kapitäns Noble, bei welchem ein Zylinder von bestimmten Abmessungen aus Kupfer um ein, der Grösse des Gasdrucks entsprechendes Mass zusammengedrückt wird.

Bei dem Noble'schen Stauchmesser [crusher gauge] (Fig. 4) bewirkt der stählerne Stempel *a*, auf dessen Endfläche die Pulvergase drücken, die Verkürzung *(Stauchung)* des hinter ihm im Centrier-Ring *c* gelagerten kupfernen Zylinders *b*; die Stempel werden in 2 Grössen angewandt, der Druck einer Atmosphäre entspricht dabei einem, bezw. bei dem kleinen Stempel einem halben Kilogramm.

Der Stauchmesser wird im Verschluss oder auch an anderen Stellen des Rohres angebracht; um alle Formveränderungen im Rohr und Verschluss entbehrlich zu machen, hat man auch Stauchmesser konstruiert, welche in die Kartusche eingelegt werden (das sog. Krupp'sche Mess-Ei oder Mitflieger);

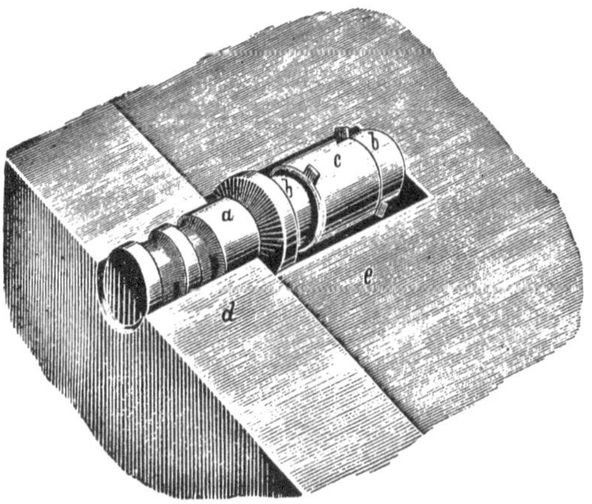

Fig. 4. Noble's Gasdruckmesser für Geschütze.

dieser Messer besteht im wesentlichen aus einer Stahlkapsel mit Verschlussschraube, welche von einem Kupfermantel umgeben ist.

Um die stossartige Wirkung der Pulvergase möglichst auszuschalten, werden bei den Stauchmess-Apparaten die Kupferzylinder vor der Verwendung unter einem bestimmten Druck maschinell vorgepresst, so dass die Pulvergase dann nur noch eine geringe Stauchung zu bewirken haben; z. B. für 2000 Atmosphären Gasdruck würde die Verkürzung

1,71 mm betragen; man presst bei 1600 Atmosphären vor, Stauchung: 1,21 mm, die Verkürzung beim Schuss beträgt dann nur noch die der Differenz entsprechenden 0,50 mm; oder man presst bei 2000 Atmosphären vor, die Grösse der Stauchung beträgt dann etwa noch 1,0 mm.

Auch dieser Stauchapparat wird ähnlich wie der Schnittapparat in der Vorderfläche des Verschlusskeiles angebracht, bezw. seitlich am Gewehr.

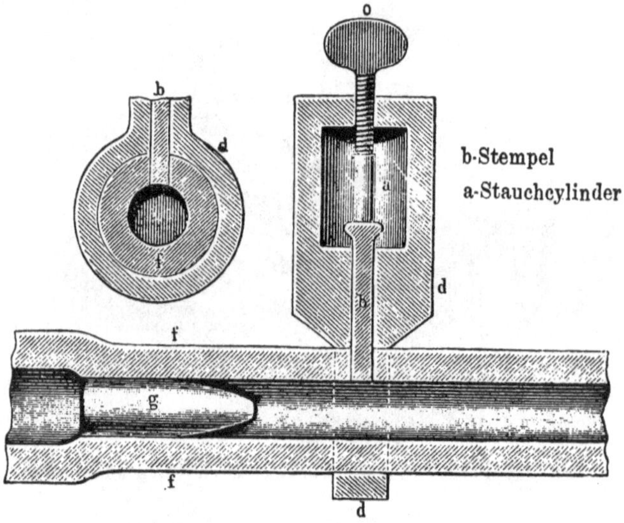

Fig. 5. Noble's Gasdruckmesser für Gewehre.

Wir haben erwähnt, dass wir die Pulverladung nicht beliebig vergrössern können, weil mit dieser Vergrösserung auch der Gasdruck zunimmt und schliesslich das Geschütz den Druck der Pulvergase nicht aushalten würde. Aus diesem Grunde war es nicht möglich, dadurch eine wesentlich grössere lebendige Kraft des Geschosses zu erzielen, dass man die Pulverladung einfach vermehrte; der gewünschte Effekt liess sich aber erreichen, als man sich bemühte, statt eines plötzlich abbrennenden, sog. offensiven Pulvers, ein *möglichst langsam verbrennendes* Pulver anzuwenden.

Nehmen wir an, das Pulver verbrennt mit explosionsartiger Schnelligkeit und ist vollständig verbrannt, bevor das Geschoss seine Bewegung im Geschützrohr begonnen hat, so besitzen die Pulvergase in diesem Augenblick die höchste Spannung; diese Spannung nimmt fortdauernd ab, je weiter das Geschoss zur Mündung fortgleitet, weil die Gase den sich beständig vergrössernden Raum in der Seele ausfüllen, auch einen Teil ihrer lebendigen Kraft als Wärme an Geschütz und Geschoss abgeben. Im Augenblicke des Hinaustretens des Geschosses aus der Mündung ist somit die Gasspannung und Arbeitskraft der Pulverladung, welche für die Fluggeschwindigkeit und Durchschlagskraft massgebend ist, am geringsten und jedenfalls geringer — und zwar um so geringer, je länger das Geschützrohr ist — als die Anfangskraft der Pulvergase war, welche das Geschoss im Ladungsraum in Bewegung setzte und in die Züge presste.

Nehmen wir dagegen ein Pulver, welches nicht plötzlich, sondern so langsam verbrennt, dass es erst in dem Augenblick sich vollständig in Gas aufgelöst hat, wenn das Geschoss die Mündung verlässt, so können wir den Vorgang uns derart denken, dass mit dem Fortschreiten des Geschosses im Rohr der hinter ihm wachsende Raum durch die sich allmählich entwickelnden Pulvergase ausgefüllt wird, so etwa, dass die Gasspannung vom Beginne der Entzündung bis zum Austritt des Geschosses sich annähernd gleich bleibt oder gar steigt. Es leuchtet ein, dass auf diese Weise bei gleich hohem Gasdruck im Ladungsraum eine viel grössere Anfangsgeschwindigkeit für das Geschoss erzielt werden muss, als mit plötzlich verbrennendem, sog. offensivem Pulver, bezw. dass zur

Erzielung einer gleich grossen Anfangsgeschwindigkeit des Geschosses bei langsam verbrennendem Pulver der Gasdruck im Ladungsraum wesentlich geringer ist, man also grössere Pulverladungen anwenden kann, um Anfangsgeschwindigkeit und lebendige Kraft zu steigern, ohne das Geschütz zu gefährden.

Die Aufgabe bestand also nach Erkenntnis der Sachlage darin, ein *möglichst langsam verbrennendes Pulver* für alle diejenigen Geschütze zu finden, bei denen die Durchschlagskraft der Geschosse möglichst gross sein soll.

Die Notwendigkeit, den Geschossen eine grössere Durchschlagskraft zu geben, machte sich zuerst im amerikanischen Bürgerkriege geltend; sie war eine Folge des Auftretens gepanzerter Kriegsschiffe. Während die französischen Revolutionskriege mit ihrem plötzlich gesteigerten Pulverbedarf sehr zur Vervollkommnung der maschinellen Einrichtungen der Pulverfabrikation beitrugen, und während der Krim-Krieg die bis dahin gebräuchliche Gewinnung des Salpeters in Salpeter-Plantagen beseitigte und die Fabrikation des Konversions-Salpeter im Gefolge hatte, so hat auf der andern Seite der amerikanische Bürgerkrieg respektive die Einführung der gepanzerten Schiffe in diesem Kriege, das gepresste Pulver entstehen lassen. Die Entwicklung war folgende: der amerikanische Artillerie-Kapitän *Rodmann* hatte bei den mit seinem Gasdruckmesser ausgeführten Untersuchungen gefunden, dass die Gasspannung bei der Detonation mit dem Grösserwerden des Pulverkornes abnimmt; er führte daher, um stärkere Pulverladungen ohne Gefahr für die Geschütze verwenden zu können, statt des bisher üblichen *feinkörnigen* Geschützpulvers ein *grosskörniges,* das sog. Mammuth-Pulver im Jahre 1862 in Amerika ein. Dieses Mammuth-Pulver bestand aus unregelmässigen, klumpenartigen Körpern von 15 bis 22 mm, später sogar bis 26 mm (2,6 cm) Durchmesser. Allerdings konstatierte Rodmann, dass durch die Vergrösserung des Pulverkornes die dem Geschosse mitgeteilte lebendige Kraft etwas verringert wird; indessen konnte dieser Uebelstand dadurch mehr als ausgeglichen werden, dass man die Pulverladung vermehrte, was ja durch die geringere Gasspannung des Mammuth-Pulvers bis zu einem gewissen Grade ermöglicht wurde; immerhin waren die Erfolge mit dem Mammuth-Pulver nicht sehr bedeutend; auch wurde durch die ungleiche Korngrösse des Mammuth-Pulvers die Treffsicherheit sehr beeinträchtigt. —

An dieser Stelle müssen wir nun zunächst kurz erwähnen, wie die dem Geschosse von den Pulvergasen mitgeteilte lebendige Kraft eigentlich gemessen wird; es geschieht dies durch Messen der Fluggeschwindigkeit v, aus welcher nach der früher angegebenen Formel

$$\text{lebendige Kraft} = \frac{P \, . \, v^2}{2\,g}$$

die Durchschlagskraft berechnet werden kann.

Die Aufgabe besteht also darin, die Fluggeschwindigkeit zu messen; hiezu hat der belgische Kapitän *La Boulengé* einen Apparat erfunden, den *Flugzeitenmesser* (Chronograph), der sich heute fast überall im Gebrauch findet und von welchem wir Abbildung und Beschreibung einem Aufsatz von *J. Castner* im „Prometheus" entnehmen. (Fig. 6.)

Die Einrichtung des Flugzeitenmessers beruht auf dem Gedanken, die Zeit, welche ein Geschoss zum Durchfliegen einer bestimmten Strecke, zum Beispiel von 50 m, gebraucht, *an dem Wege zu messen*, den ein frei fallender Körper in derselben Zeit zurücklegt.

Vor dem Geschoss sind in einem Abstand von 50 Meter unter sich zwei Gitterrahmen aufgestellt, welche mit dem Messapparat durch elektrische Leitung verbunden sind. Diese Leitungen werden nun nacheinander unterbrochen, so wie das Geschoss durch die beiden Rahmen hindurchfliegt. Sind beide Strömungen geschlossen, so beginnt der Flugzeitenmesser in dem Augenblick zu fallen, in dem das Geschoss einen Draht im *ersten* Gitterrahmen zerreisst; sobald das Geschoss den *zweiten* Gitterrahmen passiert, fällt ein kleines Gewicht, dadurch wird eine Nase ausgehoben, ein Messer schnellt vor und schlägt mit seiner Schneide eine Marke in die obere Zinkhülse des vorbeifallenden Flugzeitenmessers. Je schneller also das Geschoss die beiden Rahmen durcheilt, um so näher liegt die vom Messer eingeschlagene Marke dem untern Rand der Zinkhülse. Die Fluggeschwindigkeit würde sich einfach aus der Höhe der Schussmarke über dem Nullpunkt berechnen lassen, wenn sich der Flugzeitenmesser genau in dem Zeitpunkt der Stromunterbrechung löste und das Messer genau in dem Augenblick die Schussmarke einschlüge, in dem die zweite Leitung unterbrochen wird. Da dies nicht der Fall ist, so müssen die hiefür verbrauchten Zeiten — die Summe derselben wird durch gleichzeitiges Unterbrechen beider Ströme auf dem Flugzeitenmesser angezeigt — in Rechnung gezogen werden.

Man hat für eine Reihe von Fluggeschwindigkeiten die Höhenlage der Schussmarken über dem Nullpunkt berechnet und in einer Tabelle zusammengestellt, aus welcher man die Fluggeschwindigkeit nach dem gemessenen Abstand der Schussmarke vom Nullpunkt ohne weiteres ablesen kann.

Castner erwähnt noch, dass man das Messhäuschen nicht zu entfernt (etwa 200 Meter ab) hinter dem Geschütz aufstellen soll, damit die Leitungen eher durchschossen werden, bevor die Schallwellen des Schusses, deren Erschütterung das Abfallen des Flugzeitenmessers bewirken würden, dorthin gelangen.

Ein neuerer und in mancher Hinsicht verbesserter Flugzeitenmesser ist von *Bashforth* konstruiert.

Zum Messen der Geschwindigkeit von *Gewehrgeschossen* wird quer vor der Mündung der Waffe mittelst Klemmvorrichtung ein dünner versilberter Kupferdraht angebracht, den das Geschoss beim

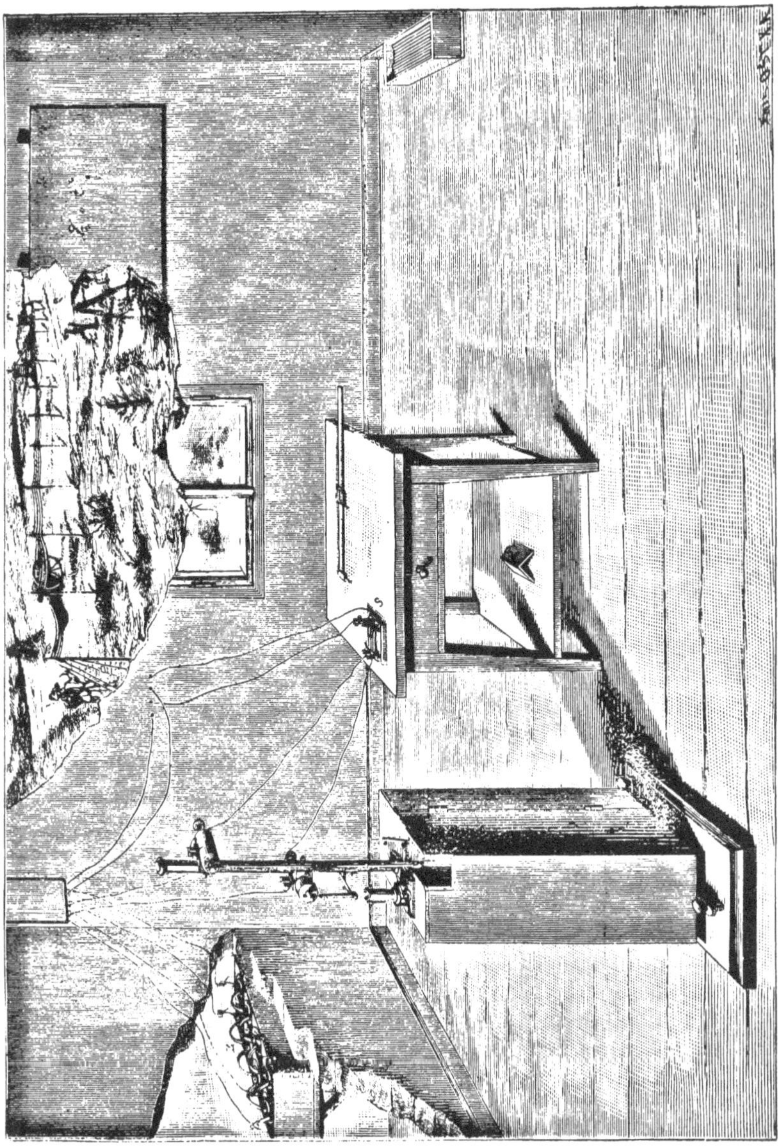

Fig. 6. Flugzeitenmesser.

Schuss zerreisst, wodurch der eine Stromkreis unterbrochen wird. In bestimmter Entfernung von der Mündung (in der Regel 50 m) ist eine Stahlplatte (Scheibe) aufgehängt, die sich im Ruhezustand gegen zwei Kontakte lehnt und so den anderen Stromkreis schliesst; das gegen die Scheibe schlagende Geschoss hebt sie von den Kontakten ab und unterbricht damit den zweiten Stromkreis.

Von Oberleutnant v. *Burgsdorff* einerseits, Prof. Dr. *Wolff* andrerseits sind Apparate konstruiert, bei welchen statt des vor der Gewehrmündung angebrachten Drahtes durch die Lufterschütterung beim Schuss der Strom unterbrochen wird.

Das Mammuth-Pulver von *Rodmann* genügte, wie erwähnt, den neuen Anforderungen noch nicht; bei der weiteren Ausarbeitung des Problems erinnerte man sich, dass der Italiener *Paolo di San Roberto* bereits im Jahre 1852 vorgeschlagen hatte, das Pulver bei etwa 100° zu pressen, so dass der bei dieser Temperatur erweichende und plastisch werdende Schwefel es zu einer festen Masse vereinigte.

Der Vorschlag von *Roberto* hatte damals keinen praktischen Erfolg, weil das von ihm versuchsweise hergestellte gepresste Pulver gar zu langsam abbrannte und man nichts damit anzufangen wusste.

Zehn Jahre später suchte man langsam verbrennende Pulversorten; die Vergrösserung des Pulverkornes allein hatte nicht genügt, man bemühte sich also, das gekörnte Pulver durch Pressen noch *dichter* zu machen, denn die Verbrennungsgeschwindigkeit steht genau im umgekehrten Verhältnis zum spezifischen Gewicht. — Zum Pressen des Pulvers griff man zunächst auf das oben erwähnte Verfahren von *Roberto* zurück, dann wiesen *Doremus* und *Budt* in Newyork nach, dass sich das Schwarzpulver ohne den Schwefel zum Schmelzen zu bringen durch einfaches Pressen unter genügendem Druck zu festen Blöcken komprimieren lasse. Dieses in Formen gepresste

Schiesspulver erwies sich für die Zwecke *Rodmann's* als sehr geeignet.

So entstand das prismatische Pulver, indem gekörntes Schwarzpulver in 6eckigen Formen durch hydraulische Pressen komprimiert wurde. Die Prismen erhielten bei ihrer Herstellung durch geeignete Konstruktion der Presse sieben in der Länge durchgehende Kanäle; diese Durchbohrungen ermöglichen ein gleichzeitiges Verbrennen des Prismen-Pulvers von Innen und Aussen und sorgen dafür, dass die Verbrennungsgeschwindigkeit nicht zu sehr herabgesetzt wird; immerhin geht das Verbrennen noch viel weniger rasch vor sich als das Verbrennen des Kornpulvers.

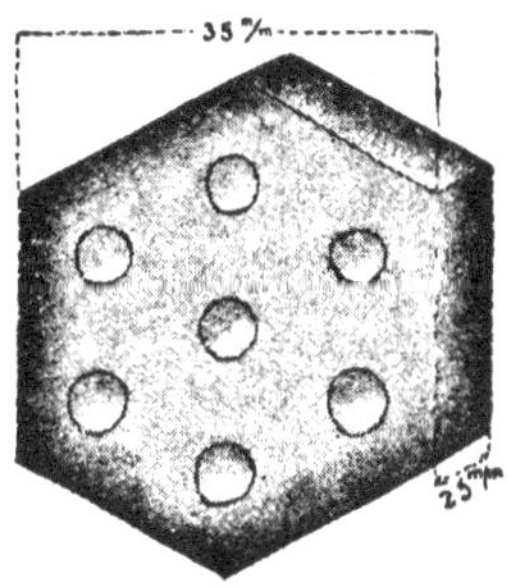

Fig. 7.

Vom prismatischen Pulver wurde, wie schon erwähnt, zuerst im amerikanischen Bürgerkriege Gebrauch gemacht; dann wurde dasselbe durch *Doremus* in Russland in grossem Massstabe eingeführt. Denn auch in Europa wurde die Frage, den Geschossen eine grössere Durchschlagskraft zu geben, durch die Aufgabe, die neu entstandenen Panzerschiffe und die zunehmende Stärke ihrer Panzer zu bekämpfen, aktuell. Preussen hatte im Jahre 1864 während der Belagerung von Düppel sich mit seinen gezogenen 15 cm Kanonen und Anwendung des alten Pulvers erfolglos bemüht, das dänische Panzerschiff Rolf Krake zu beschiessen.

Im Frühjahr 1868 wurde dann bei einem Versuchsschiessen in Tegel der grosse Wert des prismatischen Pulvers für die Erhöhung der Durchschlagskraft festgestellt und es wurde für 15 cm und grössere Kanonen das prismatische Pulver C/68 eingeführt.

Dieses wurde aus Kornpulver durch einen Druck von etwa 4500 Kilo auf den □cm hergestellt und hatte ein spez. Gewicht von 1,62 bis 1,66.

Die sechsseitigen Prismen haben eine Höhe von 25 mm, eine Seitenlänge von 20 mm. Ein Prisma wiegt 38,1 gr. und hat sieben schwach konische Kanäle, welche im Mittel 4,5 mm weit sind.

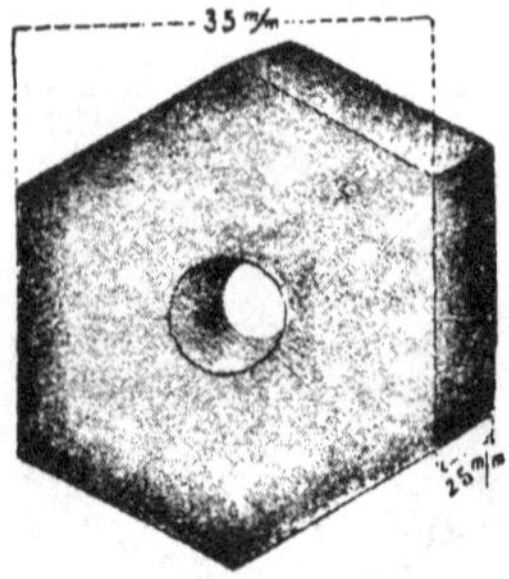

C/75 (schwarz)
C/82 (braun)

Fig. 8.

In den Geschützen von 28 cm und von noch grösserem Kaliber verbrannte dieses Pulver noch zu schnell; zur Verlangsamung ersetzte man im Jahre 1875 die 7 Kanäle durch einen Mittel-Kanal von 10 mm Weite.

Das Pulver C/75 hat im Uebrigen die gleichen Abmessungen wie das Pulver C/68, jedoch ist es stärker gepresst und hat ein spezifisches Gewicht von 1,75; ein Prisma wiegt 43 gr.

Einige Jahre später brachten die Rheinisch-Westfälischen Pulverfabriken (Heidemann) und die Rottweil-Hamburger Pulverfabriken (Duttenhofer) das *braune* prismatische Pulver C/82.

Dieses Pulver besteht, wie das Schwarzpulver, aus Salpeter, Schwefel und Kohle, unterscheidet sich aber von dem Schwarzpulver durch geringeren Schwefelgehalt, sowie durch die Beschaffenheit der Kohle, welche nur bis zur chokoladebraunen Färbung destilliert wird und reich an empyreumatischen Stoffen bleibt. Die Herstellung ist nicht durch Patente in Deutschland geschützt, sondern Fabrikgeheimnis. Nach einem englischen Patent von Heidemann soll die Zusammensetzung

79 % Salpeter
3 % Schwefel
18 % aus Stroh hergestellte Kohle betragen.

Das braune prismatische Pulver wird in 6 seitigen Prismen von ca. 25 mm Höhe und einem Durchmesser von 40 mm (zwischen zwei einander gegenüberliegenden Ecken gemessen) mit einem mittleren Kanal von 10 mm Weite hergestellt. Die einzelnen Prismen haben ein Gewicht von 42—45 gr und ein spezifisches Gewicht, das zwischen 1,75 und 1,88 variiert.

Eine grössere Anzahl dieser Prismen wird in seidenen Beuteln zu Kartuschen vereinigt.

An der Luft angezündet brennt das braune Pulver sehr langsam ab, ohne zu explodieren.

Die Verbrennungsprodukte sind einfacher Natur und enthalten eine verhältnismässig grosse Menge Wasserdampf, welcher teils von dem grossen Wassergehalt des fertigen Pulvers herrührt, teils von dem Wasserstoff, der sich in erheblicher Menge in dem verwendeten, schwach verkohlten Holz oder Stroh befindet.

Der Pulverdampf dieses Pulvers unterscheidet sich hinsichtlich der Menge nicht wesentlich von dem des Schwarzpulvers, aber er verschwindet sehr viel schneller, indem die fein zerteilten Kalisalze, welche den Rauch bilden, von dem umgebenden Wasserdampf schnell absorbiert werden und der Rauch wegen des geringeren Schwefelgehaltes weniger zähe ist.

Die Herstellung des prismatischen Pulvers erfordert wegen der zu erzielenden Dichte einen starken, länger andauernden Druck und möglichst gleichmässige Pressung; am besten eignen sich hiezu hydraulische Pressen nach Gruson. Das zur Pressung kommende braune Pulver ist in der Regel bis zur vollendeten Körnung auf gewöhnliche Weise hergestellt und wird nach dem Pressen dadurch getrocknet, dass man die Prismen, auf Draht gezogen, in die Trockenkasten bringt.

Dieses braune prismatische Pulver C/82 — dessen Erfindung nebenbei bemerkt wohl den Anstoss zu der späteren Vereinigung der beiden vorgenannten Fabriken zur späteren Firma „Vereinigte Köln-Rottweiler Pulverfabriken" gegeben hat, ergab bei den Schiessversuchen bei vermindertem Gasdruck eine höhere Geschossgeschwindigkeit als das schwarze prism. Pulver C/75.

Pulversorte	Ladung	Geschoss-Gewicht	Anfangsgeschwindigkeit d. Geschosses	Gasdruck nach dem Rodmann-Apparat	Differenz	Gasdruck nach dem Stauch-Apparat	Differenz	Lebendige Kraft des Geschosses: Total	Lebendige Kraft des Geschosses: per kg Pulver	Lebendige Kraft des Geschosses: per Atmosphäre Rodmann
	kg	kg	m	in Atmosphären				in Meter-Tonnen		
C/82	39	140	481	1935	745	1975	850	1648	42,3	0.85
C/75	39	140	490	2680		2825		1713	43,9	0,64
C/82	40	140	499	2130	700	2150	755	1776	42,3	0.83
C/75	42	140	497	2830		2905		1761	44,0	0.62
C/82	45	140	519	2365	670	2380	590	1922	42,7	0.81
C/75	40	140	506	3035		2970		1827	45,7	0 60
C/82	48	96,5	606	2320	715	2255	760	1810	37,7	0.80
C/75	42	96,5	607	3035		3015		1814	43,2	0,60

Die österreichischen „Mitteilungen über Gegenstände des Artillerie- und Geniewesens“, herausgegeben vom k. und k. technischen und administrativen Militär-Comité, haben in Heft XII des Jahrgangs 1882 vorstehende Tabelle zusammengestellt über vergleichende Versuche, die unter Benützung des gleichen Geschützes mit dem neuen Pulver C/82 und dem früheren Pulver C/75 angestellt wurden.

Die angeführte Zeitschrift bemerkt hiezu:

„Die gefundenen Zahlen zeigen, dass

1) das neue Pulver C/82 bei derselben Geschossgeschwindigkeit rund 700 Atm. weniger Gasdruck erzeugt als das prismatische Pulver C/75-
2) das Pulver C/82 per Atmosphäre Gasdruck um 33% mehr lebendige Kraft ergibt als C/75.
3) mit dem Pulver C/75 für $3\frac{1}{2}$ Kaliber lange 21 cm Granaten von 140 kg Gewicht eine Geschwindigkeit von 500 Meter nur bei vergleichsweise sehr hohem Druck erreicht werden kann, während das neue Pulver diese Geschwindigkeit bei verhältnismässig niedrigem Drucke erzeugt.

„Während für das Pulver nach bisheriger Anfertigungsmethode die Ladung von 40 kg mit Rücksicht auf den Gasdruck schon etwas zu hoch bemessen sein dürfte, lässt sich mit Pulver C/82 die Ladung unbedenklich bis zu 48 kg steigern, indem der Gasdruck nach dem Rodmann-Apparat nur 2615 Atmosphären, nach dem Stauch-Apparat nur 2570 Atmosphären erreichte. Die Anfangsgeschwindigkeit des 140 kg schweren Geschosses stieg dabei bis auf 537 Meter.

„Der Versuch bestätigte auch noch andere günstige Eigenschaften des Pulvers C/82 und zwar

1) vergleichsweise *geringe* Rauchbildung,
2) langsame Verbrennung in nicht geschlossenem Raume.

„Es wurde bei dem Versuche mit Beifall bemerkt und hervorgehoben, dass das Pulver C/82 weniger und dünneren Rauch erzeugt, als das Pulver C/75.

„Diese Eigenschaft ist selbstverständlich von höchstem Werte, da — wie dies auch letzthin bei der Beschiessung von Alexandrien der Fall gewesen — ein sich langsam zerteilender Rauch die Thätigkeit der Geschütze zeitweise hemmen kann.

„Ein Pulverkorn C/82, frei angezündet, brennt nicht, wie Pulver C/75 und C/68 momentan, mit Explosion zusammen, sondern langsam, mit schöner, roter Flamme. Ein zugeschraubter Kasten, enthaltend 55 kg Pulver C/82 wurde entzündet; das Pulver brannte in ca. 10 Sekunden ohne jede Detonation ab. Nach der Verbrennung zeigte sich, dass der zugeschraubte Deckel gelöst war, ohne jedoch seinen Platz verändert zu haben; er lag noch auf dem Kasten und war mit Ausnahme leichter Ankohlung vollständig erhalten; ebenso war der Kasten selbst ohne jede Beschädigung. Auch diese Eigenschaft des Verbrennens ohne Explosion ist in vielen Fällen für die Verwendung von Pulver von grossem Werte.

Ein weiterer Vorzug des Pulvers C/82 ist der, dass es viel langsamer und in erheblich geringerer Weise Feuchtigkeit anzieht als das bisherige Pulver. Diese Eigenschaft ist für die Lagerung in den Magazinen von erheblichem Vorteil."

Soweit der Bericht in der österreichischen Zeitschrift.

Die geringere Hygroskapazität ist noch v. Romocki wohl einerseits der schwach gebrannten Kohle, andrerseits der hohen Dichte von 1,870 des Pulvers C/82 zu verdanken.

Auch die Firma Krupp hat eingehende Versuche mit dem prismatischen Pulver (P. P.) Konstruktion (C) 82 ausgeführt und zwar in Geschützen von 30 Kaliber langen 21 cm Mantel-Ringkanonen No. 115 (L 30 also 30×21 cm = 6,3 m Rohrlänge) mit folgendem Resultate:

Geschützladung	Pulvergewicht	Geschoss- Gattung	Geschoss- Gewicht	Geschwindigkeit des Geschosses auf 75 m von der Mündung	Anfangsgeschwindigkeit des Geschosses	Lebendige Kraft des Geschosses an der Mündung: Total $\frac{P.\ v^2}{2g}$	per kg Pulver $\frac{P.\ v^2}{2g.\ l}$	p. Atmosphäre Gasdruck: Rodmannapparat	p. Atmosphäre Gasdruck: Stauchapparat	Gasdruck nach dem Rodmann-Apparat	Gasdruck nach dem Stauch-Apparat
Pulversorte	kg		kg	Meter	Meter	Meter-Tonnen	Meter-Tonnen	Meter-Tonnen	Meter-Tonnen	Atmosph.	Atmosph.
P. P. C/82	39	Panzer-Granate	140	477,2	481	1648	42,3	0.85	0.83	1935	1975
	42	Panzer-Granate	140	495,2	499	1776	42,3	0.83	0.83	2125	2115
	45	Panzer-Granate	140	515,2	519	1922	42,7	0.81	0.81	2360	2830
	48	Panzer-Granate	140	533,1	537	2057	42,9	0.79	0.80	2630	2570
P. P. C/82	48	Hartguss-Granate C69/76	96,5	600,9	616	1868	38,9	0.79	0.79	2355	2340
	48	Hartguss-Granate C69/76	96,5	605,0	611	1838	38,3	0.79	0.81	2335	2270
	48	Hartguss-Granate C69/76	96,5	600,3	606	1810	37,7	0.78	0.80	2320	2255
P. P. C/75	33	Panzer-Granate	140	441,1	447	1428	43,3	0.66	0.63	2170	2255
	39	Panzer-Granate	140	486,4	490	1713	43,9	0.64	0.63	2685	2820
	40	Panzer-Granate	140	493,3	497	1761	44,0	0.62	0 61	2830	2900
P. P. C/75	40	Panzer-Granate	140	502,4	506	1827	45,7	0.60	0 61	3035	2970
	40	Panzer-Granate	138,9	506,0	510	1839	46,0	0.56	0.59	3255	3130
	42	Panzer-Granate	96,5	601	607	1814	43,2	0.60	0.60	3035	3015

Auch mit der 25 Kaliber langen (L/25) 40 cm Kanone wurden bei Krupp vergleichende Schiessversuche angestellt; diese ergaben folgende Resultate:

	P. P. C/75	P. P. C/82
Pulverladung	220 kg	210 kg
Gewicht der Granate	778 kg	801 kg
Gasdruck (im Stauchapparat)	3182 Atm.	2670 Atm.
Anfangsgeschwindigkeit	519,1 Meter	516,5 Meter
Lebendige Kraft	10685 Metertonnen	10893 Metertonnen

Es leistete also ein Kilogramm Pulver

C/75 : 48,6 Metertonnen } Zunahme 7 %,
C/82 : 51,87 „

oder (auf den Gasdruck umgerechnet) leistete eine Atmosphäre Gasdruck

C/75 : 3,35 Metertonnen } Zunahme $21^1/_2$ %.
C/82 : 4,07 „

Der geringere Gasdruck des braunen prismatischen Pulvers C/82 gestattete zur Erzielung grösserer lebendiger Kraft eine Vermehrung der Ladung ohne grössere Anstrengung des Geschützrohres; da aber dementsprechend der Ladungsraum entsprechend vergrössert werden musste, und man das Verhältnis des Laderaumes zur Seele des Geschützes 1 : 6 als zweckmässig erkannt hatte, so hatte das prismatische Pulver die Verlängerung der Geschützrohre zur Folge; von L/22 bis L/25 ging man zu L/35 und L/40, ja bis zu L/45 und L/50 Rohrlänge über; die Artillerietechniker der Firma Krupp erklärten, dass eine richtige Verwertung des P. P. C/82 Rohre von mindestens 45 Kaliber Länge erfordern; man hielt sich jedoch aus äusseren Gründen — unter Verzicht auf vollständige Ausnützung des Pulvers — an eine Rohrlänge von L/35, später L/40. Die bekannte Krupp'sche Riesenkanone, welche 1893 in Chicago ausgestellt war, bestand in einem 42 cm Geschütz L/35; das Rohr allein wog 122 400 kg; die Rohrlänge betrug 42×35 = 14,7 m; zum Abfeuern einer Granate von 1140 kg Gewicht wurde eine Pulverladung von 410 kg P. P. C/82 verwendet.

Aehnliche enorme Pulverladungen, welche durch den geringeren Gasdruck des braunen prismatischen Pulvers C/82 möglich geworden waren, ergaben sich aus folgenden Angaben:

Krupp lieferte für die italienische Regierung eine Anzahl 40 cm Kanonen L 35, welche beim Anschiessen im Sommer 1885 folgende Resultate ergaben:

Pulverladung:	330 kg P. P. C/82
Gewicht der Granate:	920 kg
Gasdruck:	2400 Atmosphären
Anfangsgeschwindigkeit:	555 Meter
Lebendige Kraft:	14443 Metertonnen

Der mässige Gasdruck gestattete, die Pulverladung noch zu vergrössern und man erhielt im Sommer 1886 nachstehende Resultate:

Pulverladung:	384 kg P. P. C/82
Gewicht der Granate:	1050 kg
Gasdruck:	2860 Atmosphären
Anfangsgeschwindigkeit:	579 Meter
Lebendige Kraft:	18000 Metertonnen

Die lebendige Kraft von 18000 Metertonnen entspricht der Fallkraft eines Gewichtes von 180000 Doppel-Zentnern aus 1 Meter Höhe und ist hinreichend gross, um eine schmiedeeiserne Platte von 1,1 Meter Dicke glatt zu durchschlagen.

Auf der Düsseldorfer Ausstellung war die Kruppsche Geschützsammlung zwar sehr umfangreich, aber die Gruppe der grossen Festungs- und Belagerungsgeschütze war diesmal nicht vertreten; es waren hauptsächlich Feldgeschütze ausgestellt, die zur Zeit das grösste Interesse in Anspruch nehmen, daneben waren Schiffsgeschütze (28 cm und 19 cm Kanonen) und Küstengeschütze (30,5 cm, 21 cm und 15 cm Kanonen, sowie eine 28 cm-Haubitze) ausgestellt, für welche nähere Zahlenangaben für Ladungen mit dem später zu besprechenden rauchlosen Pulver gemacht waren. Dagegen hatten die Vereinigten Köln-Rottweiler Pulverfabriken Kartuschen für verschiedene Kaliber aus schwarzem (C/68) und braunem (C/82) prismatischem Pulver ausgestellt. Genannte Firma hatte noch eine Zusammenstellung in verschiedenen Formen *gepresster* (aus Kalisalpeter, Schwefel und Kohle hergestellter)

Pulversorten zur Anschauung gebracht. Interessant war auch eine Zusammenstellung der gleichen Firma von älteren Militärpulversorten.

Von den älteren Militärpulversorten wollen wir hier noch besonders erwähnen das grobkörnige Pulver C/86 mit 4—18 mm Korngrösse, das s. Zt. Aufsehen erregte; es stimmt in Form und Farbe ziemlich genau mit dem Pulver C/73 überein, hat aber eine andere Zusammensetzung; es hinterliess im Rohr nur wenig, leicht zu beseitigenden Rückstand und erzeugte beim Schiessen nur wenig dünnen, schnell verfliegenden Rauch; in seiner Arbeitsleistung und seinem Verhalten bildete es den Uebergang zum heutigen rauchlosen Pulver. Im Pulver C/86, dem sog. Amid-Prismenpulver, besteht der Salpetergehalt ungefähr zu gleichen Teilen aus Kalisalpeter und Ammonsalpeter; dieses Pulver zieht daher Feuchtigkeit aus der Luft an, es ist auch schwerer entzündlich.

Die Krupp'sche Fabrik erzielte mit diesem Pulver C/86 folgende Resultate:

Pulverladung: 14 kg C/86
Gasdruck: 2490 Atmosphären
Anfangsgeschwindigkeit: 617 Meter
Lebendige Kraft: 1000 Metertonnen.

Dieses Pulver war dem Wunsche entsprungen, die vorteilhaften Eigenschaften des braunen prismatischen Pulvers C/82, die im Wesentlichen der Küsten- und Schiffsartillerie zu Gute kamen, auch auf die kleineren Geschützkaliber auszudehnen.

Zum Schlusse dieses Abschnittes geben wir noch zwei Bilder von besonderen Schwarzpulversorten, welche uns von der Firma Cramer & Buchholz, Pulverfabriken, gütigst überlassen wurden, *Torpedo-Pulver* und *Pebble-Pulver*.

Letzteres ist ein 1—2 cm starkes Würfelpulver, welches früher in England für schwere Geschütze gebraucht wurde und heute noch in Deutschland zur Ladung von Torpedo-*Ausstoss*-Patronen verwandt wird.

Torpedo-Pulver. Fig. 9. Pebble-Pulver.

Die Verwendung des *Schwarzpulvers* als *Geschosstreibmittel* hat durch die Erfindung der neuen rauchlosen Pulversorten eine starke Einschränkung erfahren.

Auch die Anwendung des *Schwarzpulvers* als *Sprengmittel*, welche wir jetzt besprechen wollen, wird neuerdings aus verschiedenen, noch näher zu erörternden Ursachen, eine immer geringere.

Die Verwendung des Schwarzpulvers als Sprengpulver erfolgt teils zu kriegstechnischen Zwecken, teils für die Arbeiten des Ingenieurs und des Bergmanns.

Die *Kriegstechnik* verwendet dasselbe

1. Als Geschoss-Sprengstoff,

wobei der in dem Hohlraum des Geschosses befindliche Sprengstoff das Geschoss zertrümmern und den Bruchstücken, sowie den bei einigen Geschossen vorhandenen Füllkugeln eine beschleunigte Bewegung geben soll, und

2. Als Minen-Sprengstoff oder Sprengpulver schlechthin.

Betrachten wir zunächst die Verwendung des Schwarzpulvers als *Geschoss-Sprengstoff;* wir müssen zu diesem Zwecke einen Blick auf die Geschosse selbst werfen, wobei die jeweilige *Sprengladung* Erwähnung findet.

Man unterscheidet Schrapnels, Granaten, Panzergeschosse und Kartätschen.

a) Das Schrapnel besteht aus möglichst dünnen Stahlwänden, es enthält einen Zünder, die Sprengladung, sowie eine Anzahl Hartblei-Kugeln, welche durch warm eingegossenen Schwefel, Kolophonium etc. im Geschoss festgelegt sind, ausserdem eine gewisse Menge brennbaren Satz, der beim Zerspringen des Geschosses eine weithin sichtbare Rauchwolke bildet, welche die Beobachtung des Schusses erleichtert. — Durch einen Brennzünder (Bz.) wird in einer gewissen Entfernung *vor* dem Ziele und in einer gewissen Höhe *über* dem Ziel (Sprenghöhe) die Sprengladung zur Explosion gebracht und liefert dabei eine aus zahlreichen Sprengteilen (hauptsächlich den Füllkugeln, daneben den Geschosswand-Sprengstücken) bestehende Sprenggarbe von bedeutender Tiefenwirkung.

Das Schrapnel ist das Hauptkampfgeschoss der Feldartillerie gegen alle lebenden ungedeckten Ziele.

Das Gewicht der Sprengladung wird im Schrapnel gegenüber anderen Hohlgeschossen sehr klein bemessen, weil die Sprengwirkung nur den Geschosskern zertrümmern und die Füllkugeln freimachen, bezw. ihnen eine beschleunigte Bewegung nach vorwärts erteilen soll, während die seitliche Ausbreitung durch die aus der Achsendrehung des Geschosses sich ergebende Zentrifugalkraft der Sprengteile hinlänglich befördert ist.

Aus dem gleichen Grunde wird für Schrapnels auch kein brisanter Sprengstoff verwendet, sondern Schwarzpulver und zwar Gewehrpulver 71, neues Gewehrpulver 71 (sog. Füllpulver) und Zylinder-Pulver (Zyl.-P.), d. i. in Hohlzylinder gepresstes Schwarzpulver.

b) Die Granaten; diese zerfallen in zwei Klassen, nämlich in die Pulvergranaten und in die Brisanzgranaten.

Die *Pulvergranate,* oder Granate schlechthin, hat einen dickwandigen Gusseisenkern mit Schwarzpulver-Sprengladung; sie ist gegen lebende wie leblose Ziele nur zu untergeordneter Wirkung befähigt.

Sie ist daher bei der Feldartillerie ziemlich abgeschafft und wird auch bei der Fussartillerie mehr und mehr durch Brisanzgranaten verdrängt; nur in der Schiffsartillerie wird die Pulvergranate für alle Kaliber von 8 bis 30,5 cm noch verwandt; man benutzt ein besonderes Sprengladungspulver, das in flanellenen Ladebeuteln eingebracht wird, um den Stoss des Schusses auf die Sprengladung zu mildern.

Wille macht für Schiffs-Pulvergranaten folgende Angaben:

Geschütz	Gewicht der Granate L/4	Gewicht der Sprengladung	Zahl der Ladebeutel
15 cm	51 kg	1,5 kg	6
28 „	350 „	11,6 „	29
30,5 „	454 „	13,6 „	34.

Die *Brisanzgranaten* sind nicht mit Schwarzpulver gefüllt, sondern mit brisanten Sprengstoffen, hauptsächlich Pikrinsäure; sie wären also erst später zu beschreiben, doch wollen wir des Zusammenhanges wegen dies kurz hier thun. Die Brisanzgranaten sind *Spreng-* oder *Minen*granaten; die *Sprenggranaten* oder Feldgranaten enthalten nur soviel Sprengladung, dass letztere das dickwandige Geschoss in möglichst viele wirkungsvolle Sprengstücke zerlegt, welche am Ziel nach allen Seiten geschleudert werden. Die Sprenggranate soll hauptsächlich gegen lebende Ziele in feldmässigen Deckungen verwendet werden. Die *Minengranaten* oder die Langgranaten sollen nach Art einer Mine wirken, weshalb ihr dünnwandiger Stahlkern von beträchtlicher Länge eine möglichst grosse Sprengladung aufnimmt. Die Minengranate soll ausschliesslich gegen widerstandsfähigere Ziele des Feldkrieges, wie Unterstände, Häuser etc. und die darin befindlichen Truppen zur Verwendung kommen.

c) Panzergeschosse werden im Kampfe gegen die Panzer verwendet. Diese sind Vollgeschosse, Hartgussgranaten, Stahlgranaten und Halbpanzergranaten.

Die *Vollgeschosse*, Panzergranaten, sind massiv, ohne innere Höhlung; sie tragen teilweise eine Kappe aus ungehärtetem Stahl auf ihrer Spitze, die das Eindringen der letzteren in Panzer mit gehärteter Vorderseite erleichtern soll.

Die *Hartgussgranaten* haben starke Wandungen und eine sehr kleine innere Höhlung, in welcher sich Schwarzpulver als Sprengladung befindet.

Beim Durchschlagen sehr widerstandsfähiger Ziele entzündet sich die Sprengladung von selbst, teilweise sind die Hartgussgranaten auch mit Bodenzünder versehen.

Die *Stahlgranaten* haben dünnere Wandungen als die Hartgussgranaten, somit auch eine grössere Höhlung; Schwarzpulver vermag trotzdem diese Granaten nicht zu zerlegen, kann daher nicht als Sprengladung benutzt werden.

Brisante Sprengstoffe sind vorläufig ebensowenig verwendbar, denn sie entzünden sich durch das Auftreffen des Geschosses auf den Panzer nicht von selbst und ein geeigneter Zünder ist noch nicht konstruiert.

Die Stahlgranaten werden daher vorläufig mit Sand und Sägespähnen gefüllt, um denselben das richtige Gewicht zu geben. Vielleicht könnte hier eine Erfindung Anwendung finden, welche vor einiger Zeit vom Verfasser gemacht wurde.

Das Wesen dieser Erfindung besteht darin, die Spannung der bei der Explosion entstehenden Zersetzungsgase von Sprengstoffen dadurch zu vergrössern, dass man dem Sprengstoff Aluminium in fein verteilter Form beimischt.

Das Metall verwandelt sich in Aluminiumoxyd und da hiebei eine grosse Wärmemenge frei wird, so werden die Gase auf eine höhere Temperatur gebracht und dadurch wirksamer, der Sprengstoff wird brisanter.

Die Brisanz von Schwarzpulver z. B. wird durch eine Beimengung von 10 % Aluminium *verdoppelt.*

Wir kehren nun zu unseren Panzergeschossen zurück und erwähnen zum Schlusse noch die *Halbpanzer-Granaten.*

Diese entsprechen in der äusseren Form und im Material (Stahl) den Stahlgranaten, jedoch sind ihre Wandungen dünner; sie nehmen daher mehr Sprengladung auf. Diese Granaten werden mit Schwarzpulver gefüllt; sie sind mit einem Bodenzünder versehen, wie die gewöhnlichen gusseisernen Pulvergranaten; die Halbpanzergranaten werden gegen Panzerdecks und leichte Panzer gebraucht.

d) Kartätschen; diese werden nicht mehr bei der Feldartillerie, jedoch noch bei Festungs- und Belagerungsgeschützen, sowie bei der Schiffs- bezw. Küstenartillerie angewandt. Die Kartätsche ist eine mit Kugeln gefüllte Blechbüchse, die durch den Stoss der Geschützladung zertrümmert wird, so dass die Kugelgarbe schon von der Mündung der Kanone ab wirksam werden kann.

Bei den *Geschossen* wollen wir der Vollständigkeit halber noch Nachstehendes erwähnen:

Die Geschosse werden von der als Geschosstreibmittel dienenden Pulverladung (Schwarzpulver, Prismenpulver, rauchloses Pulver) in Bewegung gesetzt; diese Pulverladung befindet sich in einer Hülse, welche beim Schuss den gasdichten Abschluss des Gewehrlaufes oder Kanonenrohres nach hinten bewirkt. Diese Hülsen werden bis zu 15 cm Kaliber in der Regel mit dem Geschoss verbunden und heissen dann Patronenhülsen; bei den grösseren Kalibern sind Geschoss und Hülse getrennt und spricht man dann von Kartusch-Hülsen. Die Hülsen werden meist aus Messing (Legierung von Zink und Kupfer) gezogen, für die grossen Kaliber wird auch sog. Durana-Metall, eine Legierung von Kupfer, Zink und Eisen, verwandt; daneben auch Stahl. Bei Feld- und Gebirgsgeschützen hat man wegen der Gewichtsverringerung auch Hülsen aus Aluminiumlegierung zur Anwendung gebracht, die nur etwa ein Drittel so schwer sind als Messinghülsen.

Nun noch einige Bemerkungen über die bei den Geschossen mehrfach erwähnten Zünder.

Die Zünder sind *Aufschlag-*, *Zeit-* oder *Doppelzünder*. Erstere werden beim Aufschlag oder dann bethätigt, wenn das Geschoss beim Hindurchgehen durch einen Körper in seiner Fluggeschwindigkeit plötzlich soviel verlangsamt wird, dass ein lose im Zünder sitzender Teil, dem Beharrungsvermögen folgend, nach vorn fliegt; hiebei wird durch Anstich mit der Nadel dieses Teiles ein mit Knallsatz gefülltes Zündhütchen entzündet, dessen Feuerstrahl sich der Sprengladung mitteilt.

Die *Zeitzünder* haben 1—4 Ringe aus verdichtetem Pulversatz; sie werden bereits beim Schuss in Brand gesetzt, übertragen aber ihr Feuer erst nach einer gewissen Brenndauer — d. h. Flugzeit des Geschosses — auf die Sprengladung des letzteren. — Durch Einstellen kann man genau regulieren, wieviel von der langsam verbrennenden Schwarzpulvermasse der Satzringe verbrennen soll, ehe das Feuer auf die Sprengladung übergeht, d. h. mit anderen Worten, wie lange nach dem Verlassen des Rohres das Geschoss krepieren soll.

Unter *Doppelzünder* versteht man die Vereinigung von Aufschlag- und Zeitzünder, die es nach dem soeben Gesagten ermöglicht, das Geschoss entweder beim Aufschlag oder nach einer bestimmten Flugzeit, d. h. an einem bestimmten Punkte seiner Flugbahn zu sprengen.

Die Zünderkörper selbst sind entweder aus Messing oder aus Aluminium gegossen.

In Düsseldorf hatte Fried. Krupp reichhaltige Sammlungen von Geschossen, Patronen- und Kartusch-Hülsen, sowie Zündern ausgestellt. Die Krupp'sche Geschosssammlung zeigte die verschiedenen Geschossarten von 30,5 bis 3,7 cm Kaliber; die Geschossart ist durch verschiedenen Farbenanstrich kenntlich gemacht. Der Anstrich ist

bei Schrapnels: rot,
Pulvergranaten: schwarz,
Brisanzgranaten: gelb,
Panzergranaten: weiss,
Stahlgranaten: graublau,
Halbpanzergranaten: graublau mit weisser Spitze.

Krupp verwendet für die Geschosse nahtlos gezogene Stahlrohre.

Die Rheinische Metallwaren- und Maschinenfabrik stellt Hohlgeschosse in grossem Umfange nach dem Ehrhart'schen Pressverfahren her; sie hatte ausgestellt Schrapnels mit Stahlhüllen, mit 10—11 gr schweren Füllkugeln, welche im Rauchentwicklungsmaterial liegen. Ausser den glattwandigen Schrapnels werden auch solche mit gerippten Wandungen (Wellenschrapnels) fabriziert, die mit einer leichten Geschosshülle eine grössere Widerstandsfähigkeit gegen Formveränderungen in der Rohrseele verbinden. Auch Granaten etc. waren von dieser Firma ausgestellt. In ihrer Abteilung Sömmerda hat genannte Firma eine Zünderfabrik in grossem Umfange und nach neuestem Stile eingerichtet; sie fertigt Aufschlagszünder, Zeitzünder, Doppelzünder, Schlagröhren etc. und zwar 1500 Zünder täglich.

Wir haben aus Vorstehendem gesehen, dass Schwarzpulver in der Kriegstechnik noch in einigen Fällen als Geschoss-Sprengladung Verwendung findet, während es in anderen durch brisante Sprengstoffe verdrängt ist.

Schwarzpulver als Minen-Sprengstoff oder „Sprengpulver“ schlechthin.

Die Militär-Technik nimmt Sprengungen vor:

a) zum Zerstören von Ortsverbindungen, welche man dem Feinde nicht überlassen will (Eisenbahnen, Dämme, Brücken, Gebirgs- und Hohlwege, Tunnels),

b) zum Freimachen des Vorfeldes oder zur Beseitigung weit sichtbarer Zielpunkte bei Verteidigungsstellungen (durch Niederlegen von Mauern, Gebäuden, Schornsteinen, Windmühlen, Bäumen u. s. w.),

c) zur Unterstützung des Angriffs (durch Oeffnen von Durchgängen in Hindernissen, Vernichten der Verteidigungsminen u. s. w.),

d) zur Verzögerung des feindlichen Angriffs (durch Verteidigungsminen oder durch Zerstören nicht mehr haltbarer Werke),

e) zum Oeffnen von Eisdecken, Eisstopfungen u. s. w.

Das als „Sprengpulver“ schlechthin bezeichnete Schwarzpulver findet im allgemeinen in der Kriegstechnik wenig Anwendung mehr; es ist grösstenteils durch brisante Sprengstoffe, insbesondere durch die später zu erwähnende Pikrinsäure (Sprengmunition C/88) verdrängt.

Während die brisanten Sprengstoffe sich nicht direkt entzünden lassen, sondern durch Vermittlung einer Sprengkapsel zur Detonation gebracht werden müssen, wird das Sprengpulver (Schwarzpulver) sehr leicht schon durch glimmendes Feuer, durch Funken und helle Flammen zur Explosion gebracht; auch kann dieselbe durch Schlag oder durch Reiben von Pulverkörnern zwischen harten und rauhen Flächen herbeigeführt werden, weshalb bei der Handhabung des Sprengpulvers besondere Vorsicht geboten ist.

Wie die Entzündung, so ist auch die Wirkungsweise des Sprengpulvers eine andere, wie die der brisanten Sprengstoffe; bei letzteren erfolgt, sobald die Detonation durch die Sprengkapsel eingeleitet ist, die Zersetzung in Gase durch die ganze Masse des Sprengstoffs in ausserordentlich kurzer Zeit; die ausserordentliche Heftigkeit der Gasentwicklung und die wesentlich grössere Gasmenge bei der Detonation von brisanten Sprengstoffen übt eine zerschmetternde Wirkung gegen die nächste Umgebung aus; die brisanten Sprengstoffe werden daher mit besonderem Vorteil gegen Eisen, Holz und Stein verwendet. Beim Sprengpulver dagegen werden weniger Gase entwickelt und die Zersetzung erfolgt langsamer; dadurch findet ein gewissermassen elastisches Zurückweichen der entwickelten Gase von widerstandsfähigen Gegenständen nach anderer Richtung statt, so dass die treibende und zerreissende Wirkung der Pulvergase nur dann zur vollen Geltung gelangt, wenn dieses Entweichen der Gase verhindert ist oder keine sehr widerstandsfähigen Gegenstände vorhanden sind. Bei Eisen- und Holzsprengungen weniger geeignet, kann es in vielen Fällen als brauchbarer Ersatz für Pikrinsäure bei Mauer- und Felssprengungen dienen; die naturgemässe Verwendung des Schwarzpulvers sind aber Minenladungen, denn für Erd-Sprengungen ist es der geeignetste Sprengstoff; es findet daher ausser für Minen auch zu Sprengungen bei der Zerstörung oder Anlage von Gebirgs- und Hohlwegen, Dämmen etc. Verwendung. In der Feldausrüstung unserer Ingenieur-Truppen wird Sprengpulver nicht mitgeführt, sondern in den Festungsbeständen aufbewahrt.

Auch zum Eis-Sprengen eignet sich seiner treibenden Wirkung wegen Schwarzpulver (Sprengpulver) am besten; man hat zu diesem Zwecke sog. Eis-Sprengbüchsen aus Zinkblech konstruiert, welche $^1/_2$ bis $2\,^1/_2$ kg Pulver aufnehmen.

Wir kommen nun zu der Verwendung des Sprengpulvers für die der Kultur-Arbeit gewidmeten Zwecke des *Ingenieurs* und des *Bergmanns*.

Der Ingenieur gebraucht Sprengstoffe bei Anlage von Strassen, Tunnelbauten, Schiffbarmachung von Flussläufen u. s. w.; er verlangt vom Sprengstoff eine möglichst grosse Sprengkraft, thunlichste Unschädlichkeit der entwickelten Gase mit Bezug auf die Gesundheit der Arbeiter und möglichste Ungefährlichkeit des Stoffes bei der Beförderung, Aufbewahrung und beim Gebrauch.

Auch hier unterscheidet man die zwei Arten von Sprengstoffen, nämlich

1. solche mit langsamer, drückender Gasentwicklung wie das Schwarzpulver (Sprengpulver) und

2. solche mit rascher, zermalmender Gasentwicklung, die brisanten Sprengstoffe; als solche verwendet der Ingenieur hauptsächlich Nitroglyzerin-Sprengstoffe.

Bei ersterem, mit welchem wir uns hier zu beschäftigen haben, ist die Schnelligkeit der Entwicklung der Gase gering, der Druck derselben auf die umgebenden Gegenstände äussert sich mehr allmählich, indem letztere weggedrückt, weniger zermalmt werden. Sprengpulver wirkt z. B. in festen Felsen in der Weise, dass es die umgebenden Massen auseinander schiebt, das Aufliegende hebt und so das Gestein zerreisst; auf einer freiliegenden Steinplatte zur Explosion gebracht, übt Sprengpulver eine erkennbare Wirkung nicht aus, weil die sich allmählich entwickelnden Gase die Luft zurückdrängen und deshalb eine starke Druckspannung, die zerstörend auf die Platte wirken könnte, nicht stattfinden kann.

Ganz anders gestalten sich die Verhältnisse bei Entzündung eines brisanten Sprengstoffes (durch Vermittlung einer Sprengkapsel); der Gasdruck auf die umgebenden Gegenstände tritt so plötzlich auf, dass letztere in kleine Stücke zermalmt und diese mit fortgeschleudert werden; bei einem derartigen, in festem Felsen eingeschlossenen Schusse werden die dem Explosionskörper zunächst liegenden Gesteinsteile in Staub verwandelt, erst die entfernteren werden zerrissen und fortgeschleudert. Liegt ein solcher Sprengstoff frei auf einer Steinplatte, so wird bei der Explosion die umgebende Luft zurückgedrängt, aber auch gleichzeitig die Steinplatte zerbrochen, denn die Entwicklung der Gase erfolgt so plötzlich, dass diese mit grosser Kraft auf die feste Unterlage wirken.

Für das Lösen von Gesteinen verwendet man beide Arten von Sprengstoffen je nach den Verhältnissen; in gebrüchem und leicht schiessbarem Gestein, bei dem der Zusammenhang der einzelnen Teile nicht sehr stark ist, ist Sprengpulver am Platze; in schwer schiessbaren Gesteinsarten mit innigstem Zusammenhang der einzelnen Teile und in allen klüftigen Gesteinen, in denen ein Teil der Gase bei langsam verbrennenden Sprengstoffen durch die Klüfte entweicht, gebraucht man zweckmässig brisante Sprengstoffe, welche später noch eingehender zu besprechen sind.

Für den Tunnelbautechniker ist die Beschaffenheit der Explosionsgase und deren Wirkung auf die Atmungswerkzeuge von besonderer Wichtigkeit; beim Sprengpulver bestehen diese Gase vornehmlich aus Kohlensäure und Stickstoff und zwar in Mengen von je 40—50 %, ferner aus Kohlenoxyd und einigen anderen Gasen; hierauf werden wir noch eingehend zurückkommen.

Die Anwendung des Schwarzpulvers zum Gesteins-Sprengen wurde erst Ende des 17. und Anfang des 18. Jahrhunderts allgemein eingeführt; Hammer und Meissel einerseits und das Feuersetzen andrerseits waren bis dahin die dem Menschen beim Arbeiten in hartem Gestein zur Verfügung stehenden Mittel. Mittelst des Feuersetzens erhitzte man gar zu hartes Gestein, begoss es alsdann mit Wasser und machte es auf diese Art mürbe und der Bearbeitung mit Hammer und Meissel leichter zugängig.

Die Römer verstanden es, ausgezeichnete Strassen in der Ebene zu bauen, aber — wie F. v. Rziha ausführt — ihre Wege in die Alpen mussten sie sehr steil, schmal und arg gewunden in die Felsen hauen, wie es heute noch der berühmte Römerweg über die Radstätter Tauern zeigt. Dadurch war im Hochgebirge ihr Wagenverkehr unterbunden und mit diesem Umstande auch ihre andauernde Herrschaft nordwärts der Alpen.

Erst Ende des 17. Jahrhunderts begann man, die Saumwege über die Alpen mittelst Sprengarbeit zu verbessern; 1696 geschah dies am Bergünerstein im Albulapasse, 1707 im Urnerloche am St. Gotthard, 1736 am Leukerwege und 1738 in der Via Mala des Splügenpasses.

Im Sinne der neueren Zeit und nur mit Hilfe der Sprengarbeit erschienen dann die modernen jetzigen Strassen am Simplon (1801—1807), am Mont-Cenis (1803—1810), am Splügen (1818—1824), am Bernhardin (1819—1823), am Stilfser Joch (1820 bis 1824), im Ampezzo (1823—1824), am St. Gotthard (1820—1830) und um dieselbe Zeit am Semmerring und am Brenner.

Auch der *Flussbau* wies bis zur Zeit der Sprengarbeit grosse Hindernisse auf, wofür der Rhein und die Donau markante Beispiele bieten.

Am Rhein waren es vorzugsweise die Felsenbänke im Bingerloche, das „wilde Gefährt“ bei der Pfalz, die Loreley-Passage und die Riffe bei St. Goar, welche schon bei den Römern als gefährlich galten.

Bereits zu den Zeiten der Merovinger und Karls des Grossen, der die Holzbrücke bei Mainz geschlagen hatte, war man bemüht gewesen, diese Felsenspitzen abzubrechen. Der Mainzer Erzbischof Hatto II. (968), die Rheingrafen im 11. Jahrhundert und die Erzbischöfe im 13. Jahrhundert liessen weiter daran arbeiten; allein die berüchtigten Hindernisse waren noch immer so arg, dass nur eine beladene Thalfahrt möglich war und bei der Bergfahrt die Güter zwischen Bacharach und Bingen und zwischen Lorch und Assmannshausen umgeladen und über die steilen Hänge des Niederwaldes gefahren werden mussten, welchem Umstande auch die Stapelplätze Bacharach und Lorch ihren Aufschwung verdankten.

Im 14. und 15. Jahrhundert bemühten sich die Kurfürsten von Mainz neuerdings um die Fahrbarmachung insbesondere im Bingerloch, allein ebenfalls ganz erfolglos. Erst der Sprengprozess des 17. Jahrhunderts griff helfend ein und innerhalb des Zeitraumes von 1631—1647 schossen die Schweden und Franzosen dort Felsenklippen ab. Zu Ende des 17. Jahrhunderts vereinigte sich das Frankfurter Handlungshaus Stockheim mit holländischen Kaufherren, um in der Felsenbarre eine 20 Fuss breite Durchfahrt mit Pulver auszusprengen; allein erst 1829—1831 schuf die preussische Regierung mittelst Pulversprengung eine 210 Fuss breite Fahrt, welche seitdem immer noch mit grossen Kosten erweitert und vertieft wird. Die Hindernisse am Rhein vermochten also thatsächlich erst seit der Zeit der Sprengarbeit bewältigt zu werden.

Das Gleiche gilt von der Donau. Im Laufe dieses Stromes finden sich besonders zwei felsige Katarakte, welche die Schiffahrt von jeher ausserordentlich beeinträchtigt haben, nämlich die Riffe bei Grein und jene am eisernen Thore. An den ersteren konnte vor der Zeit der Sprengarbeit fast gar keine Abhilfe geschaffen werden. Nach dem Aufkommen derselben wurde jedoch in den Jahren 1770—1782 daran ganz erheblich gearbeitet und wurden weitere Sprengungen zwischen 1821—1839, dann 1867 und in der neuesten Zeit sehr erfolgreich durchgeführt. Die Hindernisse am eisernen Thore blieben nicht nur in der Römerzeit, sondern bis in die Gegenwart hinein bestehen und die ehemalige Hilflosigkeit in ihrer Beseitigung zwang sogar Trajan zur Ausmeisselung der dieselben umgebenden berühmten Felsenstrasse.

Auch die Anlagen von *Kanälen* in gebirgigem Terrain waren erst durch die Einführung der Sprengarbeit ermöglicht.

Besonders wichtig erwies sich die Sprengarbeit für den *Eisenbahnbau*, der bald Tunnels unter allen geologischen Verhältnissen notwendig machte und mit dessen rascher Ausdehnung die Zahl der Tunnels nunmehr derartig zunahm, dass sie bald nicht mehr, wie bis dahin, als halbe Wunderwerke galten, sondern zu den häufig vorkommenden technischen Aufgaben zählten. Den grossen völkerverbindenden Eisenbahnlinien durften Gebirge, die selbst Tunnels von ungeheurer Länge notwendig machten, keine unüberwindlichen Hindernisse bleiben und in der That haben die Tunnel-Ingenieure ausserordentliche Leistungen aus der neueren Zeit aufzuweisen, Leistungen, welche allerdings erst durch die Einführung der Bohrmaschinen und der später zu besprechenden brisanten Sprengstoffe, insbesondere des Dynamits, durch die Sprengarbeit durchgeführt werden konnten.

Nachstehend einige Angaben über Eisenbahntunnels, bei denen aber Schwarzpulver jedenfalls nur in der ersten Zeit eine wichtige Rolle spielte.

Mont-Cenis-Tunnel, erbaut 1857—1870, mit 12200 m Länge, St. Gotthard-Tunnel, 1872—1880, mit 14900 m Länge, Tunnel durch den Col di Tenda, 1890 bis 1898, mit 8100 m Länge, Simplon-Tunnel, 1899 begonnen, mit 19800 m Länge.

Der längste in Deutschland ausgeführte Tunnel ist der 4200 m lange, in den Jahren 1874—1877 erbaute Kaiser Wilhelm-Tunnel bei Cochem (Moselbahn).

Am meisten bemerkbar ist jedoch — nach F. v. Rziha — der kulturelle Aufschwung des *Bergbaues* seit der Zeit der Einführung der Sprengarbeit.

Zur Steinzeit war der Bergbau ohne alle Bedeutung, zur Bronzezeit ganz vereinzelt und selbst im Beginne der Eisenzeit bis herein in die römische Zeit noch sehr spärlich. Auch später noch war die

Massenproduktion von Erzen ohne Sprengarbeit sehr schwierig. Schaffte doch der ganze Bergbau des preussischen Staates im Jahre 1795 nur etwa 75000 cbm aus der Erde, also kaum den zehnten Teil eines heutigen grossen Eisenbahneinschnittes. Der 9168 m lange sogenannte 19 Lachter-Stollen am Harze benötigte nicht weniger als 150 Jahre Bauzeit, von 1535—1685; mit der Einführung des Sprengprozesses konnte dagegen der tiefe Georg-Stollen am Harz bei 19000 m Länge schon binnen 22 Jahren (1777—1799) aufgeschlossen werden.

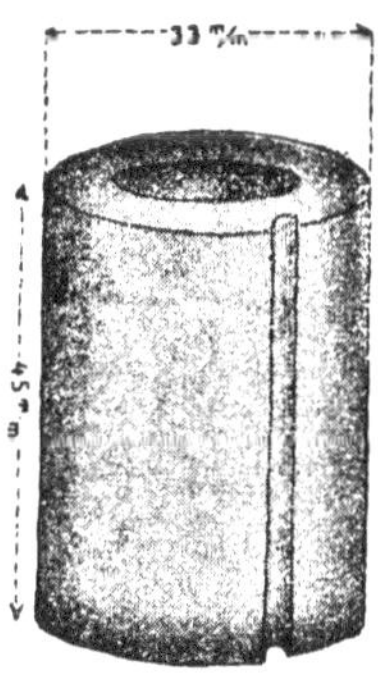

Fig. 10. Komprimiertes Sprengpulver.

Fast zwei Jahrhunderte hindurch, von der ersten Anwendung der Sprengarbeit beim Bergbau bis zum Jahre 1862, als Nobel das Nitroglyzerin einführte, war das Schwarzpulver der einzige Sprengstoff, der dem Bergmann zur Verfügung stand; das Sprengpulver wird entweder gekörnt oder aber als gepresstes, komprimiertes Pulver in beifolgender Zylinderform (mit Hohlraum in der Mitte und Rinne zum Einlegen der Zündschnur) im Bergbau angewandt.

Sprengpulver kann mit Vorteil nur in trockenen Bohrlöchern (auf die Herstellung der Bohrlöcher vermittelst der Gesteinsbohrmaschinen verschiedener Konstruktion kann hier nicht näher eingegangen werden) und in kluftfreiem Gestein verwendet werden.

Man bringt die Pulverladung gewöhnlich mittelst einer Zündschnur zur Entzündung, welche aus einer Pulverseele und einer Hanfumwickelung besteht; das eine Ende der Zündschnur wird in die Pulverpatronen eingeführt, das andere Ende ragt zum Bohrloche heraus.

Der von der Sprengladung nicht eingenommene Teil des Bohrloches muss beim Schwarzpulver sorgfältig mit Thon ausgefüllt (besetzt) werden, weil sonst die Sprenggase, welche sich bei Schwarzpulver verhältnismässig langsam entwickeln, entweichen würden. Zum Einführen des Besatzes dient der Stampfer, am besten eine messingene Stange vom Querschnitt des Bohrloches mit vertiefter Nut, um für die Zündschnur Platz zu lassen. Das aus dem Bohrloch herausragende Ende der Zündschnur wird gewöhnlich nicht unmittel-

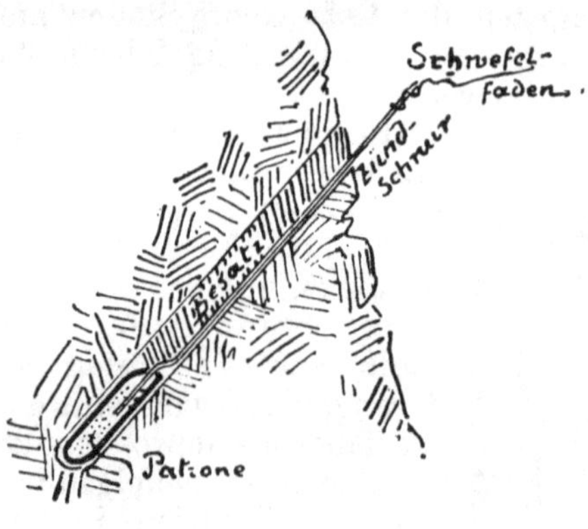

Fig. 11.

bar, sondern mittelst eines daran befestigten Schwefelfadens angezündet; der Arbeiter entfernt sich schnell und der zündende Funke schreitet mit etwa 1 cm Geschwindigkeit in der Sekunde in der Zündschnur fort, bis er an die Pulverladung gelangt und diese zur Explosion bringt. (Fig. 23.)

Aehnlich gestaltet sich die Verwendung des gepressten (komprimierten) Pulvers, nur können hiebei die Papierpatronen, in denen das gekörnte Pulver beim Laden eingeführt werden muss, in Fortfall kommen.

Die Ausführung der Schiessarbeit kann von den Arbeitern nur durch langjährige praktische Erfahrung gelernt werden und muss sich den Gesteinsverhältnissen anpassen.

Die Grösse der Sprengladung lässt sich für jedes Gestein nur durch Erfahrung festsetzen. Da die Häuer naturgemäss die Bohrlöcher gern zu stark laden, um der Wirkung sicher zu sein, so müssen dieselben von dem Lohne für einen Meter herausgeschossene Streckenlänge die verbrauchten Sprengmittel der Grube zum Selbstkostenpreis bezahlen.

Beim Kohlenbergbau müssen für die Sprengschüsse besondere Vorsichtsmassregeln angewendet werden, da bei der gewöhnlichen Art des Sprengens sowohl das Feuer der Zündung als auch die hocherhitzten Sprenggase Schlagwetter oder Kohlenstaub zur Entzündung bringen könnten. Es gilt daher hier als allgemeine Regel: ein Sprengschuss soll nur angezündet werden, wenn der Kohlenstaub durch Benetzung mit Wasser unschädlich gemacht ist und nachdem die Untersuchung des Ortes mit der Sicherheitslampe ergeben hat, dass keine Schlagwetter vorhanden sind.

Ferner wird gewöhnlich die elektrische Zündung angewendet, bei der eine offene Flamme nicht entsteht. Auch hat man Sprengstoffe hergestellt, die bei der Explosion wenig Flamme entwickeln (kurzflammige Sprengstoffe) und solange nur bestimmte Mengen derselben zur Anwendung gelangen, wie durch Versuche erwiesen ist, auch bei Anwesenheit von schlagenden Wettern und Kohlenstaub keine Explosion verursachen.

Es sind dies die neuerdings zu grosser Wichtigkeit gelangten und später noch ausführlich zu beschreibenden *Sicherheits-Sprengstoffe*, welche also gegen schlagende Wetter und Kohlenstaub eine möglichst grosse Sicherheit geben sollen.

Im Oberbergamtsbezirk Dortmund ist vom 1. Januar 1903 ab die Verwendung von Schwarzpulver in Kohlenzechen mit schlagenden Wettern überhaupt verboten.

Sprengpulver wurde bisher gerade für Kohle, nebenbei noch für Salz und nicht hartes Gestein, seiner milderen Wirkung wegen viel verwandt; man benutzte dasselbe vielfach in der früher angegebenen komprimierten Form, um eine langsamere Wirkung zu erzielen und dadurch grössere Sprengstücke zu gewinnen.

In Düsseldorf hatten die Vereinigten Köln-Rottweiler Pulverfabriken Sprengpulver-Sorten in grösserer Anzahl ausgestellt; zunächst gekörntes Sprengpulver sowohl in eckiger als runder Form in verschiedenen, als blank oder matt, bezw. fein oder grob verzeichneten Varietäten, dann Sprengpulver für Schiefergebirge, Sprengpulver C/86. Komprimiertes Sprengpulver für den Bergbau war in Patronen von 45, 40, 38, 35, 32, 29 und 22 mm ausgestellt. Von gepressten Sprengpulvern für Geschossfüllungen waren zur Darstellung gebracht:

Sprengladungspulver	(1882)	für Granatfüllung	(Fig. 24)
„	(1885)	„ Granaten schweren Kalibers	(Fig. 25)
„	—	Granaten	(Fig. 26)

in beifolgenden Formen.

Fig. 12. Fig. 13. Fig. 14.

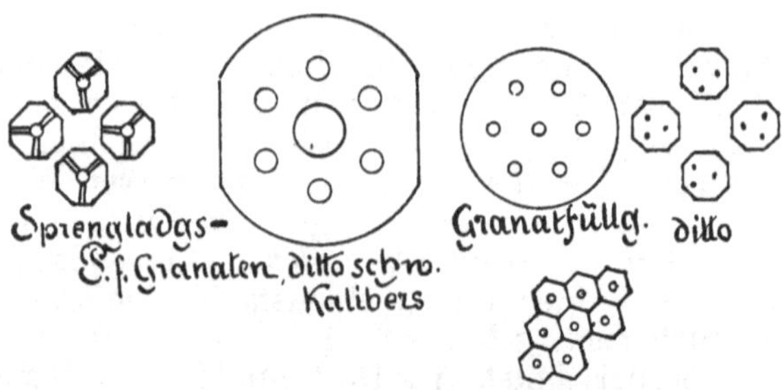

Kurz erwähnen wollen wir noch die Verwendung des Schwarzpulvers in der Feuerwerkerei.

Wir wenden uns nun zur Betrachtung der physikalischen, chemischen und ballistischen Eigenschaften des Schwarzpulvers.

1. *Die physikalischen Eigenschaften.*

Es kommen hier in Betracht: die äussere Beschaffenheit, die Kornfestigkeit, die Korngrösse, der Feuchtigkeitsgehalt und die Dichte (spezifisch wie volumetrisch).

a) Die äussere Beschaffenheit. Gutes Schwarzpulver soll vollkommen gleichmässige Schieferfarbe besitzen; geht die Farbe ins Bläuliche oder ganz Schwarze, so enthält das Pulver zu viel Kohle oder es ist zu feucht. — Aus Rotkohle hergestelltes Pulver ist bräunlich schwarz. Zerreibt man etwas Pulver, so darf man — auch unter der Loupe — keine Verschiedenheit in der Farbe (welche auf ungleiche Mischung hinweisen würde) wahrnehmen; einzelne schimmernde Punkte oder bläulich-weisse Fleckchen zeigen an, dass durch Feuchtwerden und darauffolgendes Trocknen Salpeter aus dem Pulver ausgewittert ist. Das Pulver darf nicht abfärben, wenn man es über den Handrücken oder über Papier rollen lässt, sonst enthält es Mehlpulver oder zu viel Feuchtigkeit. — Ein kleines Häufchen Pulver, auf weissem Papier entzündet, muss schnell verbrennen, ohne einen Rückstand zu hinterlassen und ohne das Papier in Brand zu setzen. Schwarze Flecken deuten auf zu viel oder schlecht gemengte Kohle; gelbe, nach dem Abbrennen des Pulvers sich zeigende Streifen weisen auf zu viel oder schlecht gemengten Schwefel hin. Feuchtes oder schlechtes Pulver brennt bei diesem Versuch Löcher in das Papier. — Gute Resultate gibt die pyrographische Prüfung des Schwarzpulvers mit blausaurem Eisen-Papier; es ist dies dasselbe Papier, welches zur Vervielfältigung von Zeichnungen etc. nach dem Lichtpausverfahren dient. Die bei der Verbrennung des Pulvers entstehenden Schwefelalkalien und Thiosulfate zerstören die blaue Farbe des Papiers und erzeugen gelbe und weisse Flecken. — Nach E. Monroe wird ein quadratisches Stück solchen Papieres von

15—20 cm Seitenlänge angefeuchtet und auf eine Glas- oder Kupferplatte gelegt. Ein abgestumpfter Bleikegel von 3 ccm Inhalt wird an der Spitze mit dem Finger verschlossen, mit Pulver gefüllt und auf das Papier umgestürzt, wodurch auf demselben ein kugelförmiges Häufchen entsteht, welches mit einem glühenden Draht entzündet wird. Nach dem Abbrennen bleibt das Papier noch 30 Sekunden der Einwirkung des Rückstandes ausgesetzt und wird dann sofort in fliessendem Wasser gewaschen. War das Pulver gut gemengt, so sind die Flecken klein und ganz gleichmässig über die Oberfläche verteilt, so dass dieselbe nun ein lichtes Blau mit einzelnen Flecken und lichten Streifen zeigt; bei schlecht gemengtem Pulver sind die Flecken gross, von unregelmässiger Gestalt und Verteilung.

b) Die Kornfestigkeit. Das Pulver darf beim Drücken mit der Hand nicht knirschen und sich mit den Fingern nicht zu leicht verreiben lassen; dabei soll es nicht sofort in Staub zerfallen, sondern sich zunächst in eckige Splitter zerteilen. — Zur Prüfung auf Kornfestigkeit bringt man ein halbes Kilogramm Pulver in einen ledernen Beutel und lässt denselben in der Abrunde-Trommel $^1/_4$ Stunde herumgehen; der Gewichtsverlust hiebei darf nur 1,55 % betragen. — Beim Prismen-Pulver sollen die Flächen und Kanten der Prismen glatt und nicht oder nur wenig abgebröckelt sein.

c) Die Korngrösse. Diese wird mit Siebrahmen geprüft, welche mit Messingdrahtgeweben bezogen sind und durch maschinellen Antrieb (Uhrwerk mit Gewicht) in eine stossweise Rüttelbewegung versetzt werden. — Die Abmessungen der Prismen vermittelt man mit Normal-Leeren, die Kanäle werden mit Leer-Stempeln untersucht.

d) Der Feuchtigkeitsgehalt. Alle Schwarzpulverarten ziehen mehr oder weniger Feuchtigkeit aus der Luft an; dies ist einerseits dem Salpeter, andrerseits der Kohle zuzuschreiben; gewöhnlich ist das Pulver um so hygroskopischer, je mehr Kohle es enthält. Satzförmiges Pulver zieht mehr Feuchtigkeit an als gekörntes, feinkörniges mehr als grobkörniges. — Das Pulver kann über 14 % Wasser absorbieren; hat es nicht mehr als 5 % aufgenommen, so kann es durch Exponieren an der Sonne oder in einem trockenen, gut gelüfteten Raume wieder brauchbar gemacht werden, grobkörniges schwieriger als feinkörniges. — Feucht gewordenes Pulver besitzt eine ungleichmässige Farbe, lässt sich leichter mit der Hand zerdrücken, entzündet sich schwieriger und gibt einen grösseren Rückstand. Bei sehr starkem Gehalt an Feuchtigkeit bildet das Pulver schwarze, harte Klumpen, wodurch es in der Regel unbrauchbar wird; man nennt es dann verkuckt. — Zur Bestimmung des Feuchtigkeitsgehaltes werden 50 gr in einer Porzellanschale im Luftbad bei 85—90° eine Stunde lang getrocknet und sodann im Exsiccator abkühlen gelassen; der Feuchtigkeitsgehalt darf nicht mehr als 1 % betragen; sehr gutes, anscheinend ganz trockenes Pulver enthält ½ % Feuchtigkeit.

e) Das spezifische Gewicht. (Korndichtigkeit.) Das spezifische Gewicht besagt, wie vielmal schwerer als die gleiche Masseinheit Wasser die Masseinheit Pulver ist, wobei das Pulver mit den Poren, aber ohne die Zwischenräume zwischen den einzelnen Pulverkörnern gewogen wird; 1 ccm Wasser wiegt 1 gr; wiegt also 1 ccm Pulver 1,6 gr, so hat letzteres die Dichtigkeit 1,6. — Man bestimmt die Dichte mit den Dichtigkeitsmessern (Bode oder Bianchi) oder mit der Quecksilberwage (Hahn-Bode).

Der Bodesche Dichtigkeitsmesser besteht aus einem Stahlgefäss, das oben und unten mit einem Hahn versehen ist und mit einem Quecksilbergefäss in Verbindung steht. Das Stahlgefäss wird mit Quecksilber gefüllt und gewogen, dann lässt man das Quecksilber austreten, schüttet oben eine abgewogene Menge Pulver in den Zylinder, füllt letzteren wieder mit Quecksilber und wägt neuerdings. Der Gewichtsunterschied zwischen der Zylinderfüllung mit und ohne Pulver gestattet, das spezifische Gewicht des Pulvers zu berechnen.

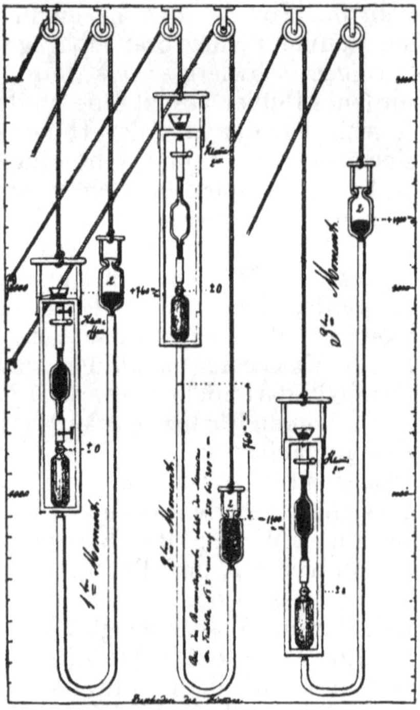

Fig. 15.
Dichtigkeitsmesser für Pulver (nach Bode).

Der Dichtigkeitsmesser von *Bianchi* arbeitet im luftleeren Raum und gestattet sonach die Messung des *absoluten* spezifischen Gewichtes des Pulvers, während bei dem vorigen Apparat das Gewicht der einzelnen Pulverkörner einschliesslich der in den Poren der Körner enthaltenen Luft bestimmt wurde; im übrigen ist die Bestimmung analog der mit dem Bode'schen Apparat.

Bei *prismatischem* Pulver benutzt man die Hahn-Bode'sche Quecksilberwage, welche das spezifische

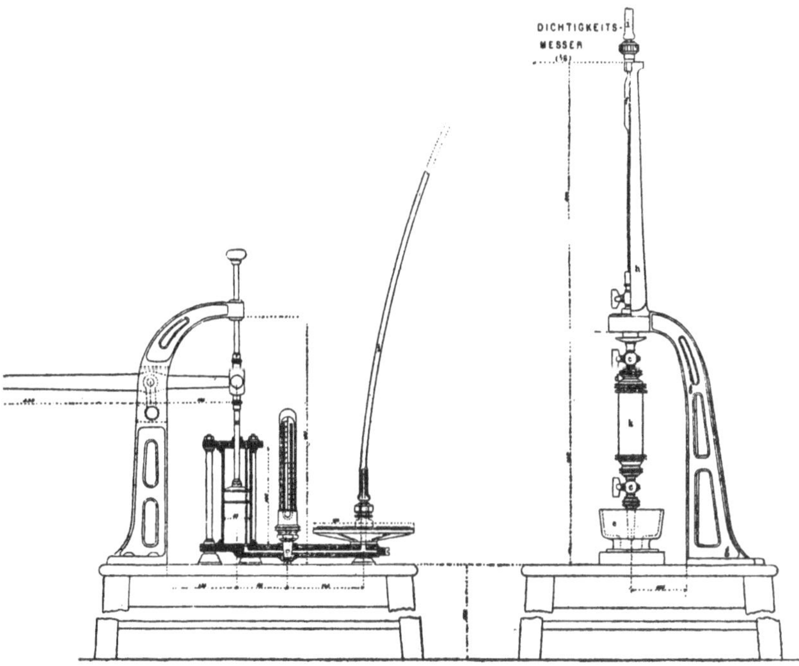

Fig. 16.
Dichtigkeitsmesser für Pulver (Bianchi).

Gewicht wieder nicht ganz absolut richtig angibt, da ja die Prismen auch etwas Luft einschliessen, die hier nicht entfernt wird. Man stellt die Nadel einer mit Gewichtsstücken belasteten Wagschale so ein, dass dieselbe gerade die Oberfläche des Quecksilbers berührt; dann bringt man das Pulverprisma in das Quecksilber und stellt wieder ein, wobei man unten eine gewisse Zahl von Gewichten wegnehmen muss.

Man kann das relative spezifische Gewicht auch bestimmen, indem man einen Pulverkuchen mit einer dünnen Schicht Kollodium überzieht und denselben in Luft und in Wasser wägt.

Wir geben nachstehend die Dichte von Kriegs-Pulver (nach Wille):

Geschützpulver	1,652
Grobkörniges Pulver nicht unter	1,657
Gewehrpulver	1,655
Neues Gewehrpulver nicht unter	1,750
Füllpulver für Shrapnels	1,750—1,780
P. P. 68	1,665
„ „ 75 . .	1,755
„ „ 82 .	1,86—1,87.

Bei Sprengpulver beträgt das spez. Gewicht etwa 1,4.

f) Das Raumgewicht (kubisches Gewicht, gravimetrische Dichte) gibt an, welches Gewicht Pulverkörner mit Zwischenräumen eine bestimmte Masseinheit ausfüllt; man bestimmt dasselbe, indem man ein kupfernes, 1 l enthaltendes Gefäss (Gravimeter) voll Pulver schüttet, mit einem Holz das überschüssige Pulver abstreicht und dann wägt. Absolut genau kann man das kubische Gewicht nicht bestimmen, denn es ist klar, dass die Zwischenräume zwischen den einzelnen Pulverkörnern verschieden gross sein werden, je nachdem die Körner eckig oder rund, kleiner oder grösser, von mehr oder weniger glatter Oberfläche sind. Nach Wille beträgt

das Gewicht eines Liters Geschützpulver 925 gr
„ „ „ „ neues Geschützpulver 940—950 gr
„ „ „ „ grobkörniges Pulver 970 gr
„ „ „ Prismas P. P. 68 38,1 gr
„ „ „ „ „ 75 42 „
„ „ „ „ „ 82 45 „
„ „ „ Kastens prism. Pulvers P. P. 68 49,9 — 50,5 kg
„ „ „ „ „ „ „ 75 55,1 — 57,7 „

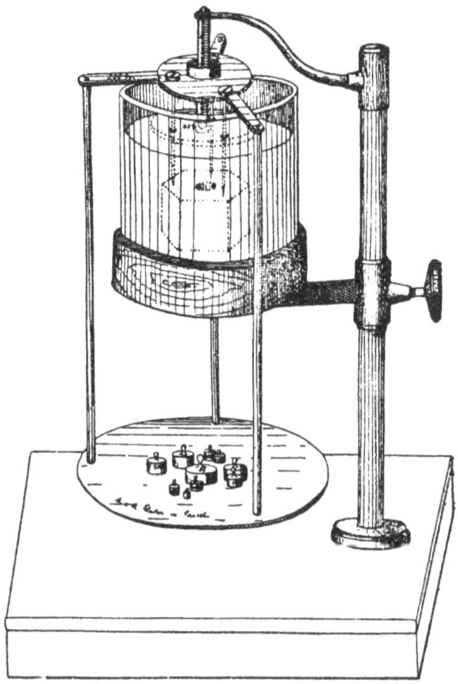

Fig. 17.
Quecksilberwage für Pulver-Prismen (Hahn-Bode).

2. *Die chemischen Eigenschaften.*

Es kommen hier in Betracht die Zusammensetzung des Pulvers, wie solche durch die Analyse ermittelt wird, die Feststellung der Entzündungstemperatur und die Ermittlung der Verbrennungsprodukte des Schwarzpulvers.

a) Analyse. Die Bestimmung des *Feuchtigkeitsgehaltes* wurde bereits beschrieben.

Zur *Salpeter*-Bestimmung werden 1—2 gr Schwarzpulver auf einem gewogenen Filter mit warmem Wasser völlig ausgelaugt; das Filtrat wird in einer Platinschale verdampft und der Salpeter gewogen.

Das Filter mit dem Rückstand wird bei 80° getrocknet und gewogen und ergibt den Gesamtgehalt an Schwefel und Kohle; oder aus dem nassen Filter wird der Alkohol durch Wasser verdrängt, dann wird der Schwefel mit Schwefelkohlenstoff ausgewaschen, mit Alkohol nachgespült, getrocknet und durch Wägen die *Kohle* bestimmt; man kann auch den Schwefel im Wasserstoffstrome überdestillieren und die zurückbleibende Kohle wägen.

Zur direkten Bestimmung des *Schwefels* wird eine Mischung von 5 gr Schwarzpulver, 5 gr Kaliumkarbonat, 5 gr Kaliumsalpeter und 20 gr Chlornatrium in einem geräumigen Tiegel erhitzt, bis die Masse weiss ist; in dem wässerigen Auszug der Schmelze wird die Schwefelsäure als Baryumsulfat gefällt.

b) Entzündlichkeit. Während bei den brisanten Sprengstoffen die Explosionstemperatur höher liegt als die Entzündungstemperatur, fallen bei dem Schwarzpulver diese beiden Temperaturen zusammen; das Schwarzpulver gehört zu den direkt explodierbaren Körpern.

Es ist eine sehr wertvolle Eigenschaft des Schwarzpulvers, dass die Entzündungstemperatur verhältnismässig hoch liegt, so dass die Handhabung damit bei den nötigen Vorsichtsmassregeln ziemlich gefahrlos ist.

Violette hat die Entzündungstemperaturen verschiedener Pulvergattungen untersucht, indem er kleine Mengen auf die Oberfläche von geschmolzenem Zinn warf, welches auf verschieden hohe Temperaturen gebracht war; er erhielt folgende Entzündungstemperaturen:

	Gekörntes, eckiges Pulver	Mehlpulver
Sprengpulver	270°	265°
Kriegspulver	276	266
Feines Jagdpulver	280	268
Extra feines Jagdpulver	320	270

Wird die Temperatur des Schwarzpulvers nur allmählich über 100° erhöht, so fängt der Schwefel an zu schmelzen und die Pulverkörner backen zusammen; dann beginnt die Verflüchtigung des Schwefels und bei sehr vorsichtigem Erhitzen kann aller Schwefel aus dem Pulver verjagt werden, ohne dass eine Verpuffung eintritt. Glühende und glimmende Körper und Funken entzünden das Pulver leichter als eine Flamme, weil erstere eine stärkere Temperaturerhöhung an einer Stelle hervorbringen als letztere. Hält man eine Leuchtgasflamme dicht über eine kleine Probe Schwarzpulver, so vergehen erst einige Sekunden, bis das Pulver sich entzündet, weil letzteres erst auf die Entzündungstemperatur sich erwärmen muss. Schwamm entzündet das Pulver erst nach dem Verglimmen zu Kohle. Schiessbaumwolle kann ruhig über Schwarzpulver abgebrannt werden, ohne dass letzteres sich entzündet; denn die Verbrennung der Schiesswolle erfolgt zu plötzlich und ist zu rasch vorüber, als dass das darunter liegende Schiesspulver Zeit hätte, sich bis zu seiner Entzündungstemperatur zu erwärmen. Schlag, Stoss und Reibung bewirken die Entzündung des Schwarzpulvers, am leichtesten der Schlag von Eisen auf Eisen, von Eisen auf Messing und von Messing auf Messing. Im Jahre 1838 wurde zum erstenmale der Schliessungsdraht des galvanischen Stromes zur Entzündung des Pulvers angewandt; mit Vorteil verwendet man den Rhumkorff'schen Induktionsapparat dann, wenn es sich um eine gleichzeitige Explosion verschiedener Minen handelt.

c) Die Verbrennungsprodukte des Schwarzpulvers. Bei der Verbrennung des Schwarzpulvers bilden sich aus den drei Bestandteilen desselben gasförmige und feste Verbrennungsprodukte; erstere bilden die Pulvergase, letztere den Pulverrauch und den Pulverrückstand. Bis in die Mitte der 50 er Jahre wurde in den Lehrbüchern die Verbrennung des Schiesspulvers durch die Gleichung

$$2KNO_3 + 3C + S = K_2S + N_2 + 3CO_2$$

ausgedrückt, obwohl man wusste, dass Schwefelkalium, Stickstoff und Kohlensäure keineswegs die alleinigen Verbrennungsprodukte waren. Im Jahre 1857 unterzogen Bunsen und Schischkoff zum erstenmale die Verbrennung des Schiesspulvers einer vollständigen genauen Analyse; es wurde dabei insbesondere die Bildung von Kaliumsulfat und Kaliumkarbonat konstatiert. Diese Arbeiten wurden fortgesetzt von Linck, Károlyi, Vignotti, Craig, Fedorow, Poleck u. a.

Noble und Abel haben 1874 und 1880 eingehende Untersuchungen über den Einfluss des Druckes auf die Zersetzung des Pulvers veröffentlicht. Zuletzt und in sehr gründlicher, abschliessender Weise ist die Theorie der Schwarzpulver-Zersetzung von Debus, einem Schüler Bunsens, studiert worden.

Nach Debus besteht die Pulver-Verbrennung aus zwei verschiedenen, nacheinander verlaufenden Prozessen, einem *Oxydations*-Prozess, der nur einen Bruchteil einer Sekunde dauert und zur Entstehung von Kaliumsulfat, Kaliumkarbonat, Stickstoff und vielleicht von einem Teil des Kohlenoxyds Veranlassung gibt und einem *Reduktions*-Prozess von erheblich längerer Dauer, während dessen unverändert gebliebener Kohlenstoff reduzierend auf das im ersten Stadium gebildete Kaliumsulfat und zugleich freier Schwefel zersetzend auf das Kaliumkarbonat einwirkt, wobei sich Zweifach-Schwefelkalium bildet.

Debus stellt für den Oxydations-Prozess folgende Gleichungen auf:

$10 KNO_3 + 8 C + 3 S = 2 K_2CO_3 + 3 K_2SO_3 + 6 CO_2 + 5 N_2$ bezw. $16 KNO_3 + 13 C + 5 S = 3 K_2CO_3 + 5 K_2SO_4 + 9 CO_2 + CO + 8 N_2$.

Für die Reduktions-Vorgänge gibt Debus die Gleichungen:

$$4 K_2SO_4 + 7 C = 2 K_2CO_3 + 2 K_2S_2 + 5 CO_2$$

$$4 K_2CO_3 + 7 S = K_2SO_4 + 3 K_2S_2 + 4 CO_2.$$

Schwarzpulver gibt beim Verbrennen etwa 43 % Gase und 57 % feste Produkte.

Debus gibt ferner an, dass eine Mischung von 16 Salpeter, 8 Kohle und 8 Schwefel die grösste Wärme- und kleinste Gasmenge liefert, während eine Mischung von 16 T. Salpeter, 24 Kohle und 16 Schwefel die grösste Gas- und kleinste Wärmemenge liefert; erstere Mischung gibt die kleinste, letztere die grösste Leistungsfähigkeit der Arbeit. Auf Grund dieser Erwägungen lässt sich theoretisch die Zusammensetzung einer Pulvermischung angeben, welche bestimmten Anforderungen genügen soll. Wollte man ein Pulver herstellen, das bei möglichst kleinem Kohlenstoff- und Schwefelgehalte mit nahezu der grössten Leistungsfähigkeit ausgerüstet ist, so würde man die Mischung wählen: 16 Salpeter, 22 Kohle und 8 Schwefel. Die Militärpulver der meisten Staaten enthalten 16 Salpeter, 21,2 Kohle und 6,6 Schwefel, welche Zusammensetzung also nach der Theorie nahezu der grössten Leistungsfähigkeit entspricht.

c) Die Verbrennungsgeschwindigkeit. Dieselbe steht genau im umgekehrten Verhältnis zum spezifischen Gewicht; deshalb brennt abgerundetes Pulver, weil es dichter ist, langsamer ab als nicht abgerundetes. Feuchtes Pulver verbrennt langsamer als trockenes, gekörntes rascher als ungekörntes, rundes langsamer als eckiges. Je grösser die Pulverladung und der zu überwindende Widerstand, desto grösser ist auch die Verbrennungsgeschwindigkeit des Pulvers.

d) Die Verbrennungswärme. Bunsen berechnete für die Verbrennung von Jagdpulver in freier Luft eine

Temperatur von 2993° C und für die Verbrennung desselben Pulvers im geschlossenen Raum eine Temperatur von 3340° C.

Während wir keine geeigneten Apparate haben, um die im Augenblick der Explosion des Pulvers stattfindende Temperatur genau zu messen, können wir die beim Verbrennen einer bestimmten Pulvermenge entwickelten Wärmequantitäten vermittelst des Calorimeters genau bestimmen; das Calorimeter ist ein mit Wasser gefülltes kupfernes Gefäss (eine sog. Bombe); aus der Temperaturerhöhung des Wassers lässt sich die entwickelte Wärmemenge berechnen; dieselbe beträgt 750 Calorien für 1 kg Pulver.

e) Schädlichkeit der Pulvergase. Die Pulvergase, welche wir als variable Gemenge verschiedener Gasarten, Dämpfe und in feiner Verteilung vorhandener fester Substanz kennen lernten, können, in geschlossenen Räumen eingeathmet, wie z. B. in Bergwerken, Krankheitserscheinungen hervorrufen, zu deren Erzeugung das in den Pulvergasen vorhandene Kohlenoxyd das meiste beiträgt. Nach jeder Sprengung ist daher stets, insofern der vorhandene Luftzug nicht kräftig genug ist, für entsprechende Ventilation der Minen zu sorgen.

3. *Die Gasspannung, Trieb- und Sprengkraft des Pulvers.*

a) Gasspannung. Wenn wir 5 gr Pulver verbrennen, die gebildeten Pulvergase auffangen und nach dem Erkalten messen, so finden wir, dass sich ungefähr ein Liter Gase gebildet hat; da aber alle Gase sich beim Erwärmen ausdehnen, und zwar bei Temperatursteigerung um 1°, um $^1/_{273}$ ihres Volumens, so ist das Volumen bei einer Verbrennungstemperatur von 3—4000° natürlich ein enorm grösseres. Bei 4000° würden wir aus 5 gr Pulver die gewaltige Menge von $15^1/_2$ Liter Gas im Moment der Explosion des Pulvers erhalten.

b) Bestimmung der Triebkraft durch die Mörserprobe. Die Mörserprobe ist seit 1683 bekannt; in einem bronzenen Stahlmörser wird ein Stahlgeschoss von bestimmtem Gewicht durch eine bestimmte Ladung Pulver unter einem Elevationswinkel von 45° hinausgeschleudert und die Wurfweite gemessen. Diese betrug für

Gewehrpulver	285.76—293.28	mm,
für altes Geschützpulver	278.24—285.76	„

c) Die Fluggeschwindigkeit des Geschosses in einem bestimmten Abstand von der Rohrmündung wird mit dem von dem belgischen Hauptmann Le Boulengé erfundenen Flugzeitenmesser (Chronograph) ermittelt und daraus durch Rechnung die Mündungsgeschwindigkeit des Geschosses bestimmt. Als Vergleichs-Massstab dient die Leistung eines den Anforderungen entsprechenden Pulvers derselben Gattung (sogen. Normal- oder Vergleichs-Pulver). Der Apparat von Le Boulengé ist bereits früher beschrieben worden, ein neuerer und in mancher Hinsicht verbesserter Flugzeitenmesser ist von Bashforth konstruiert worden; ferner haben Crehore und Squier einen Polarisations-Phonochronographen erfunden; die mit letzterem gewonnenen Ergebnisse sind insofern bemerkenswert, als sie darauf hindeuten, dass das Geschoss seine grösste Geschwindigkeit nicht wie bisher angenommen wurde, an der Mündung, sondern erst mehrere Meter *vor* dieser (ausserhalb der Waffe) erreicht. Zur Messung der Geschwindigkeit von Gewehr-Geschossen nach Le Boulengé wird quer vor der Mündung der Waffe mittelst Klemmvorrichtung ein dünner, versilberter Kupferdraht angebracht, den das Geschoss beim Schuss zerreisst, wodurch der eine Stromkreis unterbrochen wird. In bestimmter Entfernung von der Mündung (in der Regel 50 Meter) ist eine Stahlplatte (Scheibe) aufgehängt, die sich im Ruhzustande gegen zwei Kontakte lehnt und so den andern Stromkreis schliesst; das gegen die Scheibe schlagende Geschoss hebt sie von den Kontakten ab und unterbricht somit den zweiten Stromkreis. — Bei einem vom Oberleutnant v. Burgsdorff konstruierten Stromunterbrecher wird durch die *Lufterschütterung* beim Schuss ein Kontakt kurz aufgehoben; doch verursacht Schwarzpulver eine rasche Verschmutzung des Kontaktes und ist die Vorrichtung daher nur beim Schiessen mit rauchschwachem Pulver gut anwendbar.

Prof. Dr. Wolff hat für Geschütze *Luftstossanzeiger* konstruiert; der Druck der Luftwelle, die das Geschoss begleitet, löst den Kontakt und unterbricht den Strom, während nach dem Schuss die Federkraft den Kontakt wieder herstellt und den Strom schliesst. — Die Luftstossanzeiger sind nur benutzbar, wenn die Geschossgeschwindigkeit grösser als die Geschwindigkeit des Schalles ist, also rund mindestens 350 m beträgt, weil andernfalls schon die Schallwellen den Kontakt lösen.

Nebenstehende Zusammenstellung von Rziha gibt einen Ueberblick über die mit den verschiedensten Ladungen und Geschossen erzielten Geschossgeschwindigkeiten, sowie die nützliche Arbeitsleistung eines Kilogrammes Schiesspulver.

Die Grösse der nützlichen Arbeit zeigt trotz der Verschiedenheit der Pulversorten und der Verhältnisse zwischen Rohrlänge, Rohrdurchmesser, Ladung und Geschoss eine grosse Gleichförmigkeit. Setzt man nach Roux und Sarrau die theoretische Arbeitsleistung von 1 kg Schwarzpulver zu 319982 Kilogramm-Meter, so berechnet sich für den Prozess des Schiessens aus Gewehren und Geschützen ein Nutzeffekt von 13.71 %, nämlich $\frac{43788 \times 100}{319982}$

d) Die Bestimmung des Gasdruckes erfolgt direkt durch Noble's Quetsch-Apparat (Crusher) oder Rodmanns Schnittapparat; der Gasdruck kann auch indirekt gemessen werden, indem man mittelst des

Nc.	Bezeichnung der benützten Waffe	Ladung (L) in Kilogramm	Geschossgewicht P in Kilogramm	Anfangsgeschwindigkeit v in Metern	Arbeit der Ladung in Meter-Kilogr.	Nützl. Arbeit für 1 kg Pulver $\frac{P \cdot v^2}{2g \cdot L}$ in Met.-Kilogr.
1	älteres österr. Werndl-Gewehr	0.005	0.024	440	232	46.464
2	neueres „ „ „	0.005	0.024	453	251	50.200
3	österreich. 7 cm Feldgeschütz	0.350	2.900	299	13.227	37.791
4	„ 8 cm „	0.950	4.300	442	39.069	41.125
5	„ 9 cm „	1.500	6.400	448	65.536	43.690
6	älteres Krupp'sches Panzergeschütz	205.—	776.7	502.4	9.992.000	48.700
7	40 cm „ „ (1881)	220.200	779.—	519.4	10.716.000	48.664
8	„ „ „ (1884)	279.200	741.—	615.2	14.300.000	51.071
9	französ. 34 cm Geschütz	164.—	420.—	600.0	7.710.000	47.012
10	„ 37 cm „	246.5	535.—	600.0	9.821.000	39.842
11	Woolwich 23 cm Geschütz	149.8	172.5	728.6	5.196.000	34.640
12	„ 34 cm	283.7	567.5	625.2	11.310.000	39.866
13	Elswick 23 cm	90.8	172.5	671.0	3.960.000	43.612
14	41 cm	408.6	817.—	616.1	15.810.000	38.693
15	43 cm	350.5	1000.—	558.8	15.930.000	45.448
					im Mittel:	43.788

Rücklaufmessers die Rücklaufgeschwindigkeit des Geschützrohres in jedem Zeitteilchen bestimmt; aus dieser lässt sich dann wieder die Beschleunigung des Rücklaufes, sowie — als vielfaches — die Geschwindigkeit und Beschleunigung des Geschosses und endlich die Grösse des diese Arbeit im Rohr verrichtenden Gasdruckes bestimmen.

e) Die Brisanz oder Kraft des Schwarzpulvers zu *Sprengzwecken* (Sprengkraft) ist ein Produkt aus der Menge der entstandenen Gase, der hiebei entwickelten

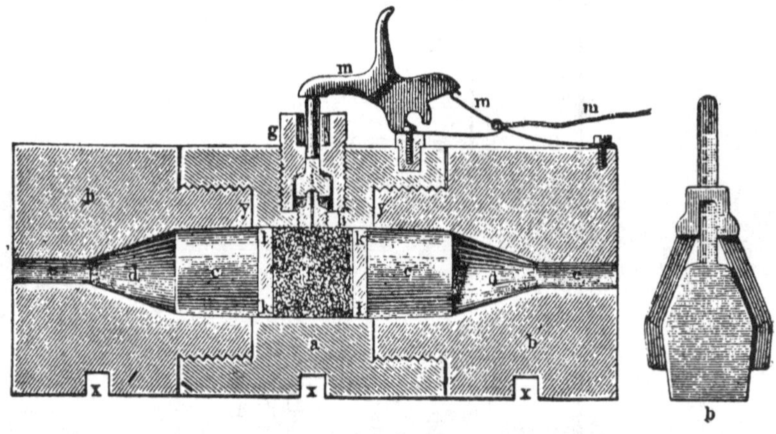

Fig. 18. Guttmann's Brisanzmesser für Pulver.

Wärme und — im umgekehrten Verhältnis — der Zeit, innerhalb welcher die Vergasung erfolgt. Die Sprengkraft des Schwarzpulvers ermittelt man gewöhnlich mit dem Guttmann'schen Kraftmesser.

Bei diesem Apparat bringt man 20 gr Pulver zwischen zwei Bleizylinder und lässt sie im vollständig geschlossenen Raum explodieren; hiebei werden die Bleizylinder mehr oder weniger in konische Hohlräume eingedrückt; die Höhe der zwei Bleikonusse wird mittelst einer Schubleere gemessen und dieses Maass dann mit den Ergebnissen eines Normal-Sprengstoffes verglichen.

In der österreichischen und in anderen Armeen ist es vorgeschrieben, dass Sprengmittel-Ladungen gegen einen Balken aus weichem Holze geprüft werden. Derselbe wird gewöhnlich so gewählt, dass die Normalladung des Normalsprengstoffes ihn gerade durchschlägt, wodurch es möglich wird, eine grössere oder geringere Kraft des Sprengstoffes zu beobachten; solche Balken werden in einiger Höhe über dem Erdboden freitragend angeordnet.

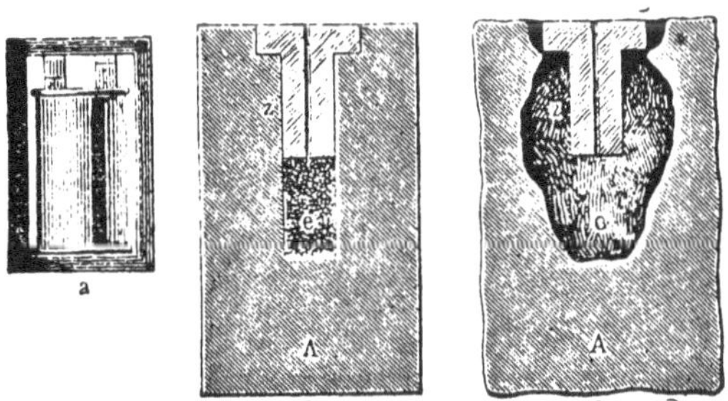

a b c

Fig. 19. Trauzl'sche Bleiprobe.

Zur Prüfung *brisanter* Sprengstoffe benützt man gewöhnlich die Trauzl'sche Bleiprobe, die darin besteht, dass man eine bestimmte Menge (15, 20 oder 30 gr) Sprengstoff in der Bohrung eines Bleizylinders von bestimmten Dimensionen zur Explosion bringt.

Es entsteht hiebei eine flaschenförmige, mehr oder minder ausgebauchte Höhlung, deren Volumen durch Eingiessen von Wasser aus einem graduierten Gefäss gemessen wird; die erhaltenen Volumina sind der Sprengkraft der untersuchten Sprengstoffe proportional. Für Schwarzpulver lässt sich dieser Kraftmesser nicht anwenden, weil bei der verhältnissmässig langsamen Detonation dieses Sprengstoffes zu viel Gase durch den von der Zündschnur gebildeten Kanal entweichen.

Wir wenden uns nun zur Betrachtung der schwarzpulverähnlichen explosiven Mischungen und zwar I. solcher, welche die Bestandteile des Schwarzpulvers in abgeänderten Gewichtsverhältnissen enthalten; es handelt sich hiebei hauptsächlich um Schwarzpulver *mit verringertem Schwefel-Gehalt.**)

Je mehr Schwefel sich in dem Schwarzpulver befindet, umso zäher ist der Pulverrauch; die Gründe dieser Erscheinung dürften wenigstens zum Teil in der bekannten Eigenschaft des freien Schwefels, beim Reiben stark elektrisch zu werden, zu suchen sein; ein durch Reibung elektrisch gemachtes Stück Schwefel zieht die Teilchen eines nur aus Salpeter und Kohle bestehenden Mehlpulvers an und hält sie auch bei Temperaturwechsel fest; einem gleichen Verhalten der im gewöhnlichen Schwarzpulver vorhandenen, zwar nur sehr kleinen, aber unter dem Mikroskop deutlich zu beobachtenden Schwefelteilchen wird meistens die Eigenschaft zugeschrieben, eine leichte und dauerhafte Körnung des gewöhnlichen Pulvers zu befördern, während ein nur aus Salpeter und Kohle hergestelltes und gekörntes Pulver bald zerstäubt. — In dem Pulverrauch ist nun noch freier Schwefel vorhanden; Noble und Abel fanden bei einem an sich nicht schwefelreichem Pulver, das sie bei einem in Geschützen oft gemessenen Druck explodieren liessen, einen Gehalt von bis zu 10% der festen Explosions-Produkte an freiem Schwefel, eine Menge, die wohl zweifellos im Stande ist, durch elektrische Anziehung auf die anderen Rauchteilchen eine zusammenhaltende Wirkung auszuüben. Eine solche zusammenhaltende Wirkung ist auch an durch inexplosive Verbrennung schwefel-

---

*) Vgl. S. J. von Romocki: Die rauchschwachen Pulver. Hannover 1896.

haltiger Stoffe erzeugtem Rauch leicht zu beobachten; in neuerer Zeit macht sie sich z. B. auch beim Rauch schwefelhaltiger Steinkohlen für die Kriegskunst unangenehm bemerkbar, da solcher Rauch besonders Torpedobooten zum gefährlichen Verräter werden kann. Jedenfalls war es längst ein Wunsch, den beim Schiessen entstehenden Pulverrauch möglichst dünn und wenig zähe zu erhalten. Es fehlte daher schon früher nicht an Rezepten für Pulver mit geringerem Schwefelgehalt, doch machte man sich nicht an eine systematische Erprobung derselben; der Grund hiefür ist wohl in der vorgefassten Meinung zu suchen, dass man eher noch die Kohle als den Schwefel für die Kraftentwicklung des Schiesspulvers entbehren könne. Das Mittelalter hatte im Geist der aristotelischen Naturanschauung den Lehrsatz aufgestellt, der Gegensatz zwischen dem „kalten“ Salpeter und dem „heissen“ Schwefel, die nur widerwillig vereint blieben und sich gern gewaltsam von einander trennten, bewirke die Explosion des Schiesspulvers; diese Theorie erhielt sich allen Anfechtungen gegenüber, bis sich Stahl's namentlich in seinem 1731 in Berlin erschienenen Werke: „Experimenta et observationes chemicae“ niedergelegte Lehre, dass die Verbrennung ein Freiwerden von „Phlogiston“ („Feuerstoff“) sei, allgemeinen Eingang verschaffte. Diese Theorie musste eine Verminderung des Schwefels im Pulver zu Gunsten der Kohle oder selbst seine völlige Beseitigung aussichtsvoll erscheinen lassen, denn nach Stahl war die Kohle viel reicher an Phlogiston als der Schwefel. Im Jahre 1756 fanden in Frankreich auf Veranlassung Le Blond's die ersten systematischen Versuche mit Pulvern *ohne* oder mit *sehr wenig* Schwefel in der Staats-Pulverfabrik in Essonne statt; besonders überraschend muss für die bei den Versuchen in Essonne Anwesenden die Thatsache gewesen sein, dass das ganz schwefellose Pulver in einem Falle sogar mehr leistete als das schwefelhaltige; es ist dies durchaus begreiflich, wenn man eine Berechnung nach der modernen Thermochemie und den Lehrsatz der mechanischen Wärmetheorie, dass gleiche Mengen Wärme gleiche Mengen Arbeit zu leisten im Stande sind, auf sie anwendet. Die Wärmeentwicklung des gewöhnlichen Schwarzpulvers ist durch die sorgfältigsten Versuche auf im Durchschnitt 750 Calorien aus dem Kilogramm festgestellt; eine Mischung von 87.1 % Salpeter und 12.9 % Kohle (wie solches zur vollständigen Verbrennung der Kohle zu Kohlensäure nötig wäre) würde 786 Calorien aus dem Kilogramm ergeben; die Menge des festen Rückstandes (Pulverrauch) würde hiebei allerdings erheblich grösser sein als beim gewöhnlichen Pulver, aber das Fehlen des Schwefels würde den Rauch gewiss weit weniger lästig machen.

Auch in anderen Staaten wurden, wie in Frankreich, vielfache Versuche mit schwefellosen oder schwefelarmen Pulvern bis in die ersten Jahrzehnte des vorigen Jahrhunderts unternommen; das Endurteil lautete aber überall gleich ungünstig: „die schwefellosen oder schwefelarmen Pulver liessen sich schwer körnen und verlören, namentlich beim Transport, leicht die Körnerform, so dass durch den Fortfall der feuerleitenden Kanäle in den Ladungen die Verbrennung zu langsam werde; setze man zur Festigung der Körner Gummi, Hausenblase oder Aehnliches hinzu, so verlangsame wieder die schwerere Brennbarkeit dieser Klebstoffe und die Verstopfung der Poren in den Pulverkörnern die Explosion; die versuchten Pulver verbrännten aber auch stets etwas zu langsam und wie sich die einzelnen Teile der Ladungen gegenseitig schwer entzündeten, so vermehre auch ihre schwere Entzündlichkeit auf den Zündpfannen der Feuerwaffen die Zahl der Versager.“

Was die Verbrennungsgeschwindigkeit des Schwarzpulvers betrifft, so ist dieselbe, wenigstens beim Verbrennen an freier Luft, nach den Untersuchungen von Proust, am grössten, wenn ungefähr $^1/_6$ des Salpetergewichts an Schwefel hinzugefügt wird. Es entsteht die Frage, ob man annehmen darf, dass derjenige von zwei Explosivstoffen, welcher an freier Luft langsamer oder schneller verbrennt als der andere, auch beim Verbrennen in einer Feuerwaffe dasselbe Verhalten zeigt. Die Einwirkungen, welche die zuerst verbrannten Partien eines Quantums Explosivstoff auf die übrigen ausüben, sind stets zweierlei Art: *unmittelbar thermische*, indem die flammenden Gase der zuerst verbrannten Explosivstoffteile im eigentlichen Sinne des Wortes *anzündend* wirken und *mechanisch thermische*, indem die zuerst entwickelten Gase die noch unverbrannten Teile des Explosivstoffes *zusammenpressen*, dadurch *erhitzen* und zur *Explosion* bringen; dass die *mechanischen* Einwirkungen nicht *unmittelbar*, sondern nur durch die erzeugte *Wärme* Explosionen veranlassen, hat Berthelot nachgewiesen; während man früher vielfach auf Grund von Versuchen mit sehr leicht zersetzbaren Explosivstoffen, z. B. mit Jodstickstoff, annahm, heftige Erschütterung der Stoffteilchen könnten die chemische Reaktion unmittelbar einleiten, zeigten Berthelot's Versuche, dass selbst eine bereits eingeleitete Reaktion nicht beschleunigt wird, wenn man den in der Zersetzung begriffenen Stoff auf einer Stimmgabel oder in einer Glasröhre bis über 7000 Mal in der Sekunde vibrieren lässt; Jodstickstoff explodiert allerdings schon bei 100—200 Vibrationen, jedoch nur, weil die Erschütterung dann bald eine zu seiner Zersetzung genügende *Temperatur-Erhöhung* hervorruft. Bei der Explosion im geschlossenen Raum werden also Teile des Explosivstoffes, welche von der Zündflamme noch längst nicht erreicht sind, durch die von mechanischen Einflüssen herrührende Erwärmung dann explodieren, wenn die Kraft der zuerst entwickelten Gase und die Empfindlichkeit des Explosivstoffs gross genug sind; dies ist z. B. der Fall, wenn Nitroglycerin in einem Raum, der ein freies Entweichen der Verbrennungsgase nicht gestattet, angezündet wird; es ist aber nicht der Fall beim Schwarzpulver, wie man sich leicht durch das Experiment überzeugen kann und wie auch daraus hervorgeht, dass beim Schiessen mit übermässigen Ladungen zu langsam verbrennenden Schwarzpulvers aus Geschützen man oft das Hinausfliegen unverbrannter Pulverteile beobachtet. Man wird also annehmen dürfen, dass Mischungen von Salpeter mit Kohle oder Schwefel bezw. mit beiden Stoffen *nicht* durch die in den Feuerwaffen auftretenden Drucke teilweise zur Explosion gebracht werden, vielmehr hier sich die explosive Zersetzung nur durch die Feuergase fortpflanzt, also die von Proust beobachteten Verbrennungsgeschwindigkeiten auch für Explosion unter Druck gelten. Die Nachteile der schwereren Entzündlichkeit und langsameren Verbrennlichkeit, der schwierigen Körnung etc. etc. liessen also mit den schwefellosen oder schwefelarmen Pulvern damals keine Erfolge für die Schiesstechnik erzielen. Erst erheblich später, etwa vom amerikanischen Bürgerkrieg ab, führten tief eingreifende Veränderungen der artilleristischen Bedürfnisse zur Aufgabe, ein möglichst langsam verbrennendes Pulver herzustellen für Geschosse, denen eine sehr grosse Durchschlagskraft erteilt werden soll. Wie schon auseinandergesetzt, entstanden dann in den Prismen-Pulvern P. P. 68 und P. P. 75 zunächst physikalische Modifikationen des gewöhnlichen Schwarzpulvers, denen dann im Jahre 1882 das braune Pulver P. P. 82 folgte, das auch chemisch eine andere Zusammensetzung hat und das, aus 78 Teilen Salpeter, 19 Teilen einer schwachgebrannten braunen Kohle und 3 Teilen Schwefel bestehend, demnach bei wesentlich verringertem Schwefelgehalt an ballistischer Wirksamkeit und Rauchverringerung das Höchste leistet, was sich mit dem Grundstoff des alten Schwarzpulvers, dem Salpeter, unter Zusatz brennbarer, aber an sich nicht explosiver Stoffe, erreichen liess. Für schwere

Geschütze wird das braune prismatische Pulver P. P. 82 heute noch angewandt; für leichte Geschütze und für Gewehre verwendet man seit 1886 Nitrocellulose-Pulver, die vollständig in gasförmige Produkte übergehen und daher rauchlos sind; von diesen wird später die Rede sein. Das Bedürfnis nach solchen Pulvern war, wie schon hier bemerkt werden soll, aus zwei Gründen ein dringendes geworden: 1. je mehr sich die Flugbahn des Geschosses dem freilich unerreichbaren Ideal einer geraden Linie nähert, je „rasanter“ sie ist, desto weniger schädlich wirken Fehler in der Entfernungsschätzung; zur Erzielung einer besseren Rasanz bemühte man sich, den Geschossen der Handfeuerwaffen grössere Geschwindigkeiten mitzuteilen, was eine Vermehrung der Pulverladung nötig machte; hiedurch ergaben sich aber zu starke Rückstösse; man ging daher dazu über, die Geschosse *leichter* zu machen (und zwar *schlanker*, nicht *kürzer*, denn von zwei Geschossen mit gleichem Gewicht dringt offenbar dasjenige leichter in die Luft oder in jedes andere Medium ein, welches den geringsten Widerstand bietet); von 11 mm Kaliber ging man daher allmählich bis zu $6^1/_2$ mm herunter; schon bei 8 mm fing es an sich zu zeigen, dass das Schwarzpulver zu wenig Kraft in zu grossem Raum beherbergt, während das Nitrocellulose-Pulver genügend stark ist. 2. Man führte die Repetier-Gewehre ein, bei welchen ein schnelles Laden dem glücklichen Schützen die Möglichkeit gibt, schnell einen zweiten Gegner kampfunfähig zu machen, dem unglücklichen aber, vielleicht durch einen zweiten Schuss das beim ersten Versäumte nachzuholen; solange freilich eine Rauchwolke die Aussicht verdeckte, konnte der Schütze weder die Wirkung des ersten Schusses beurteilen, noch ein zweites Mal zielen; daher fing man Anfang der 80iger Jahre des vorigen Jahrhunderts allgemein an einzusehen, dass eine volle Ausnützung der Feuerschnelligkeit von Repetiergewehren (und analog von Schnellfeuergeschützen) ohne Anwendung von schwach rauchenden Schiesspulvern nicht zu erreichen sei und auch die schon erwähnte Thatsache, dass die englischen Geschütze im Jahre 1882 vor Alexandria des Rauches wegen gezwungen waren, weit langsamer zu schiessen, als es ihnen sonst möglich gewesen wäre, trug viel dazu bei, den Wunsch nach einem rauchlosen Schiessmittel zu einem immer dringenderen zu gestalten. Für die schwersten Geschütze ist aber, wie schon erwähnt, auch heute noch das braune Salpeterpulver mit geringem Schwefelgehalt in Gebrauch.

Für *Sprengzwecke* hat im Jahre 1866 Neumeyer in Taucha bei Leipzig ein Schwarzpulver mit weniger Schwefel hergestellt (75 Salpeter, $18^3/_4$ Kohle, $6^1/_4$ Schwefel); dieses Pulver war schwerer entzündlich, gefahrloser, gab weniger Rückstand und Pulverrauch; in verschlossenem Raume dagegen explodierte es mit derselben, ja mit höherer Wirkung als das gewöhnliche Pulver; das Neumeyer'sche Pulver rechtfertigte die daran geknüpften Erwartungen nicht und wurde bald allseits verworfen, da es zu schwer entzündlich und zu langsam brennend wäre.

Interessant ist es, dass Salpeterpulver von der Art des braunen Geschützpulvers, aus 78 Teilen Salpeter, 19 Teilen Rohkohle und 3 Teilen Schwefel bestehend, auch als *Sicherheits-Sprengstoff* verwendet wird, da diese Mischung im Gegensatz zum gewöhnlichen Schwarzpulver schlagende Wetter nicht oder wenigstens nicht so leicht entzündet, besonders wenn man noch Zusatze gewisser Salze macht, von denen später die Rede sein wird.

II. betrachten wir Schwarzpulver ähnliche explosive Mischungen, in denen die einzelnen Bestandteile ganz oder teilweise durch ähnliche Stoffe ersetzt sind.

1. Pulver, in denen statt *Kalisalpeter andere sauerstoffreiche Salze* vorhanden sind.

a) Mischungen mit Natronsalpeter.

Der Natronsalpeter, wie solcher aus dem in Chile gewonnenen Rohprodukt durch Raffination erhalten wird, besitzt gegenüber dem Kalisalpeter zwei Vorzüge; er ist an sich billiger und hat ausserdem in derselben Gewichtsmenge mehr wirksame Kraft, d. h. mehr Sauerstoff, da Natrium (mit 23) ein geringeres Atomgewicht hat als Kalium (39); Natronsalpeter ($Na\,NO_3$) enthält 56,5 % Sauerstoff, Kalisalpeter ($K\,NO_3$) nur 47,5 %. — Natronsalpeter hat aber den grossen Nachteil, dass er Feuchtigkeit aus der Luft anzieht; da wo es auf Billigkeit ankommt, ferner bei Sprengungen in verhältnismässig weichen Materialien, wie Steinsalz und Minette, werden jedoch Natronsalpeter-Sprengstoffe viel angewandt; der sogenannte „Sprengsalpeter" besteht aus 65 % Natronsalpeter, 4 % Kalisalpeter, 12 % Schwefel, 19 % Holzkohlen- oder Braunkohlenpulver; ähnlich ist der „Lithotrit" zusammengesetzt, der durch einen Zusatz von Mangansuperoxyd charakterisiert ist; auch geringe Bruchteile von Chromaten, besonders von Kaliumbichromat werden als Zusätze angewandt.

Bei Natronsalpeter-Sprengstoffen erweist sich das Pressen mit geschmolzenem Bindemittel als vorteilhaft; Sprengpulver mit Natronsalpeter lassen sich gefahrlos bis zum Schmelzpunkt des Schwefels erhitzen und geben dann beim Pressen ein Produkt, das weniger gegen Feuchtigkeit empfindlich ist.

In den Vereinigten Staaten scheint man für Salpeter-Sprengpulver durchaus Natronsalpeter zu verwenden; nach dem letzten Zensusbericht (1902) beschäftigten sich dortselbst mit der Herstellung von Salpeter-Sprengpulvern 37 Etablissements in 13 Staaten, davon 19 Etablissements allein in Pennsylvanien, dessen Bergbau sehr intensiv ist; diese Werke stellten aus

38 000 Tonnen Chilesalpeter,
746 000 Bushels Holzkohle,
5 100 Tonnen Schwefel

97 744 237 Pfund Sprengpulver im Wert von 3 880 910 Dollars her; das Sprengpulver hatte folgende Zusammensetzung:

Natronsalpeter	67,3	bis	77,1 %,	im Durchschnitt	74 %
Kohle	22,9	„	8.3 %,	„	16 %
Schwefel	9,4	„	14,3 %,	„	10 %.

b) Mischungen mit Barytsalpeter.

Baryumnitrat kann aus dem in der Natur vorkommenden Baryumcarbonat (Witherit) mittelst Salpetersäure, oder aus Chlorbaryum mittelst Chilesalpeter hergestellt werden und ist von R. J. Wagner, später von dem belgischen Kapitän Wynants als Ersatz für Kalisalpeter vorgeschlagen worden; (Saxifragin-, Lithofracteur- oder Newton-Pulver); Barytsalpeter macht das Pulver zu teuer und zu schwer entzündlich.

c) Mischungen mit Ammoniaksalpeter.

Dieses Salz wird aus dem bei der Kohlendestillation (für Leuchtgas- und Kokereizwecke) erhaltenen Ammoniak-Wasser und Salpetersäure erhalten. — Schon Glauber machte 1667 darauf aufmerksam, dass der Ammoniaksalpeter, für sich allein in einem Tiegel erhitzt, im Gegensatz zum „gemeinen" Salpeter in Flammen aufgehe und keinen Rückstand hinterlasse; thatsächlich besteht dieses Salz ja aus lauter gasförmigen Elementen und scheint daher zu Explosivzwecken besonders geeignet. Ammoniumnitrat zersetzt sich übrigens beim Erhitzen auf höhere Temperatur nicht wie Kali- oder Natronsalpeter, sondern er zerfällt der Hauptsache nach in Wasser und Stickoxydul. ($NH_4 \cdot NO_3 = 2\,H_2O + N_2O$). — Störend sind vor allen Dingen die stark hygroskopischen Eigenschaften dieses Salzes; hauptsächlich aus diesem Grunde ergaben auch die während der französischen Revolution auf Veranlassung der französischen Pulverfabrikations-Kommissare Bottée und Riffault durch Robin in

Essonne angestellten Versuche, im gewöhnlichen Schiesspulver (0.750 Salpeter, 0.125 Schwefel und 0.125 Kohle) statt Kalisalpeter Ammoniaksalpeter anzuwenden, ein negatives Resultat; selbst wenn es geglückt wäre, das so gewonnene Pulver bis zur Verarbeitung zur Munition trocken zu halten, so wäre es in den damals üblichen Kartusch-Säcken für die Geschütze und in den papierenen Gewehrpatronen bald zerflossen; nach Einführung der *metallenen* Patronenhülsen wurden die Versuche insbesondere von Hebler in Zürich in den achtziger Jahren des vorigen Jahrhunderts erneuert; er ersetzte einen Teil des Kalisalpeters im gewöhnlichen Schwarzpulver durch Ammoniaksalpeter, indem er gleichzeitig das Pulver komprimierte und mit Zündkanälen versah; die Rauchentwicklung war natürlich geringer, allein die Verbrennung war eine unvollständige und die hygroskopischen Eigenschaften immer noch für *Schiess*zwecke zu störend.

Das schwefelfreie, sonst dem Hebler'schen Pulver ähnlich zusammengesetzte *Amid*-Pulver werden wir später noch zu erwähnen haben. —

Viel günstigere Resultate erzielte man mit dem Ammonnitrat für *Sprengzwecke*; allerdings ist es nicht möglich, ein Gemenge von Ammonsalpeter, Schwefel und Kohle ohne explosive Zersetzung bis zum Schmelzpunkt des Schwefels zu erhitzen und dann mit dem geschmolzenen Bindemittel zu pressen, ein Verfahren, das wir beim Natronsalpeter zum Schutze gegen Feuchtwerden kennen gelernt haben; wenn man jedoch als Bindemittel Substanzen verwendet, die niedriger schmelzen als Schwefel, so kann man den gewünschten Erfolg erzielen und werden wir auf diese schwefelfreien Mischungen mit Ammoniaksalpeter als Basis noch zurückzukommen haben. —

d) Mischungen mit Kaliumchlorat.

Während im Natron-, Baryt- und Ammoniaksalpeter Salze vorliegen, welche sich, wie der Kalisalpeter, von der Salpetersäure HNO_3 ableiten, haben wir im Kaliumchlorat das Kaliumsalz einer anderen Säure, der Chlorsäure $HClO_3$, welche der Salpetersäure analog zusammengesetzt ist; nur ist hier an Stelle von Stickstoff *(N)* das Element Chlor *(Cl)* getreten. Das chlorsaure Kali, $KClO_3$, wurde von dem französischen Chemiker Berthollet im Jahre 1786 entdeckt; im Kleinen kann man dieses Salz durch Einleiten von Chlor in heisse Kalilauge (1 : 3) erhalten, nach der Gleichung

$$6KOH + 3Cl_2 = KClO_3 + 5KCl + 3H_2O;$$

technisch gewinnt man es nach demselben Prinzip durch Elektrolyse heisser Chlorkalium-Lösungen, wobei man das an der Anode abgeschiedene Chlor mit dem an der Kathode abgeschiedenen Aetzkali direkt in Reaktion bringt. — Kaliumchlorat enthält 39,17 % Sauerstoff, es bildet weisse, perlmutterglänzende Krystallblättchen, besitzt einen kühlenden, salpeterähnlichen Geschmack und schmilzt bei gelinder Hitze ohne Zersetzung; bei 352° beginnt das dünnflüssige, geschmolzene Salz zu schäumen und sich nach der Gleichung $2KClO_3 = KClO_4 + KCl + O_2$ zu zersetzen; bei höherer Temperatur entweicht dann sämtlicher Sauerstoff, wobei Chlorkalium zurückbleibt. — Chlorsaures Kali ist ein noch kräftigeres Oxydationsmittel als salpetersaures Kali; Mischungen von Kaliumchlorat mit Schwefel, Kohle oder Kohlenstoffverbindungen detonieren beim Erhitzen; es wurde daher gleich von Berthollet vorgeschlagen, im Schwarzpulver den Kalisalpeter durch das Kaliumchlorat zu ersetzen; die französische Regierung liess denn auch schon im Jahre 1788 in einem ihrer Staatsbetriebe ein Pulver herstellen, das an Stelle des Salpeters chlorsaures Kali enthielt; vormittags begann die Fabrikation und nachmittags waren bereits einige Arbeiter und eine zufällig zuschauende Dame tot, indem sie bei der unbeabsichtigten Explosion des Gemisches ums Leben kamen. Ohne einen günstigen Zufall wären der Katastrophe auch Berthollet und Lavoisier zum Opfer gefallen. Die Kaliumchloratgemische sind zu sensibel und besonders gegen Schlag, Stoss und Reibung zu empfindlich; zu einem brauchbaren Sprengmittel gehört aber nicht nur eine starke Explosionsfähigkeit, sondern auch eine verhältnismässige Gefahrlosigkeit beim Herstellen, Aufbewahren und beim Transport. — Im Jahre 1849, als die Unfälle, welche Berthollet und andere betroffen hatten, wieder vergessen waren, begannen die Versuche zur Herstellung sog. „muriatischer" Pulver von neuem, besonders für Sprengzwecke, da das Kaliumchlorat weniger für eine nachhaltige, treibende, als für eine brisante Wirkung sich eignet; ausserdem greifen die Chloratpulver die eisernen Läufe der Feuerwaffen stark an. — Sprengpulver mit Kaliumchlorat wurden in verschiedenen Mischungsverhältnissen vorgeschlagen von Kellow & Short, Oller (Pudrolith), Himly, Michalowsky, Hafenegger, Augendre, Pohl, Ehrhardt, Krafft, Gaens, Callou, Hahn, Spence und anderen; abgesehen von den verschiedenen, schon erwähnten Missständen war das chlorsaure Kali aber auch recht teuer und erst die billigere Herstellung des Salzes auf elektrolytischem Wege, welche in der neuesten Zeit durchgeführt wird, hat das Interesse wieder auf die Chlorat-Pulver gelenkt. Man bemühte sich dabei vor allem, durch Zusätze die Empfindlichkeit zu verringern. A. von Stubenrauch (D.R.P. 95278) schlägt vor, Kohle nach dem Ausglühen möglichst heiss mit entschwefeltem und neutralisiertem Theer, Naphta, Vaselin, Paraffin oder dergl. zu behandeln, zu trocknen und zu pulvern und dann mit dem chlorsauren Kali zu vermengen; er gibt folgendes Mischungsverhältnis

ca. 80% chlorsaures Kali,
ca. 5 ½ — 7 ½ % Theer,
ca. 12 — 14% Kohle,
ca. ½ — 1 % kohlensaure Magnesia
oder kohlensaurer Kalk.

Taver empfiehlt einen Sprengstoff, Promethee genannt, welcher aus einem Gemenge von Kaliumchlorat und Bernstein einerseits und Petroleum oder Terpentinöl andrerseits besteht und erst kurz vor dem Gebrauche fertig gestellt wird.

Besonders hat sich Street in Paris um die Einführung haltbarer Chlorat-Sprengpulver bemüht; im D. R. P. 100522/23 wird vorgeschlagen, das fein gepulverte Chlorat (oder Perchlorat) zusammenzukneten mit der Lösung eines aromatischen Nitro-Derivates oder Azo-Derivates in einem pflanzlichen, tierischen Oel oder einem Mineralöl, mit oder ohne Zusatz von Kohle oder Kohlehydraten; z. B. 80% chlorsaures Kali,

10% Oel,

10% Azobenzol oder Nitronaphtalin etc.

Nach dem D. R. P. 117051 setzt Street der öligen Lösung von aromatischen Nitro- oder Azoderivaten noch etwas Nitroglyzerin, Nitrocellulose oder Anilinpikrat zu; nach D. R. P. 118102 werden die mit dem Kaliumchlorat zu mischenden festen Nitro- bezw. Azo-Produkte in der Wärme in Oelen gelöst, welche durch Erhitzen mit Schwefel auf 140—180° geschwefelt worden sind. —

Im D. R. P. 124237 (Bonnet) wird statt Oel freie Fettsäure vorgeschlagen, z. B.

80% Kaliumchlorat,

8% Dinitrobenzol,

12% freie Fettsäure (z. B. Stearinsäure).

Turpin verwendet ein Gemenge von Kaliumchlorat und Theer oder Harz, die zur Erzielung einer homogenen Mischung mit 2% Alkohol-Zusatz verarbeitet werden; er nennt seinen Sprengstoff Pyrodialyt. Ein Bericht der französischen Sprengstoff-Kommission (Mémorial des Poudres et Salpêtres 1901, Band XI, S. 53) äussert sich über ein solches Gemenge (85% $KClO_3$, 15% Harz) wie folgt: die Sprengkraft im geschlossenen Raum betrug 1,74, wenn die des Schwarzpulvers zu 1,00 gesetzt wird; die Sprengkraft zweier

Street'scher Mischungen betrug 1,9. — Die Kommission kommt zu dem Resultate, dass der Staat kein Interesse daran habe, den Turpin'schen Sprengstoff — der in die Kategorie der Produkte fällt, deren Fabrikation durch den französischen Staat monopolisiert ist — herzustellen; dass aber, sobald der Preis des chlorsauren Kali bis auf ungefähr 65 Francs per Zentner (= 104 Mk. per 100 kg) herunterginge, Pyrodialyt ebenso wie die Street-Sprengstoffe Veranlassung geben könnten, der Frage der Chlorat-Sprengstoffe ernstlich näher zu treten. —

Für Schiesszwecke kommen in Betracht die D. R. P. 53420 und 57732 (v. Brauk); das hienach hergestellte sog. Küchel'sche Wachspulver, bei welchem die einzelnen Chloratkörner mit einer Wachsschicht umhüllt sind (z. B. Carnaubawachs mit Zusatz von Traganth oder anderem Gummi), so dass das Ganze eine fettige, sehr wenig sensible Masse darstellt, findet als kräftig wirkendes Jagdpulver eine, wenn auch beschränkte, Verwendung; ähnliche Eigenschaften zeigt auch der „Schnebelit“, hergestellt durch Eindicken einer Mischung von Kaliumchlorat mit Stärkekleister.

e) Mischungen mit Ammoniumperchlorat.

Ammoniumperchlorat $NH_4 \cdot ClO_4$ wird nach dem Miolati'schen Patent 112682 aus Calciumperchlorat mit Chlorammonium erhalten, ein früheres Patent 103993 hatte die Umsetzung von Natriumperchlorat mittelst salpetersaurem Ammon vorgeschlagen. — Street, Alvisi, Carlson (D. R. P. 94516) stellen Sprengstoffe mit Ammonperchlorat als Basis her; es lässt sich vorläufig nicht beurteilen, ob dieses Salz sich mit Erfolg in die Praxis einführen wird.

2. Pulver mit Ersatzstoffen für die Kohle.

Als typisches Beispiel nennen wir den Petroklastit (Haloklastit). Nach der Patentschrift 95793 werden bei Sprengstoffen, die aus Natronsalpeter, Kalisalpeter, Schwefel und Kohle bestehen, statt der Kohle als verbrennliche, kohlenstoffhaltige Substanz Steinkohlenpech, Harze oder Fette benützt, deren Schmelzpunkt unterhalb 200° und oberhalb 30° liegt; als besonders wirksame Sprengstoffmischung wird z. B. folgendes Gemenge angegeben:

Natronsalpeter	69 %
Kalisalpeter	5 %
Schwefel	10 %
Steinkohlenpech	15 %
Kaliumbichromat	1 %.

In der Patentschrift werden diesem Sprengstoff folgende Vorzüge nachgerühmt:

„Zuerst ist er gegen Feuchtigkeit ausserordentlich widerstandsfähig, so dass Petroklastit fast nur die Hälfte der vom Sprengsalpeter aufzunehmenden Feuchtigkeit aufnimmt und ausserdem durch Feuchtigkeit weniger leidet. Ferner liegt die Entzündungstemperatur um etwa 50% höher als bei den angeführten Sprengstoffen. Petroklastit entzündet sich erst bei mehr als 350°, Sprengsalpeter bei etwa 250°, Sprengpulver bei 240°, — Petroklastit unterscheidet sich vom Schwarzqulver vorteilhaft dadurch, dass es beim Abbrennen ohne Zischen oder Feuersprühen mit ruhiger Flamme verbrennt und deshalb weniger gefährlich ist. Die Gase des Petroklastit wirken nicht derartig unangenehm auf die Respirationsorgane ein wie diejenigen des Schwarzpulvers. Ferner schlagen sich die Gase schnell nieder, so dass derartige Sprenggasansammlungen, wie sich solche um die halbe Schicht bei dem Schwarzpulver finden und die Luft dick und undurchsichtig machen, nicht vorkommen. Petroklastit ist gegen Schlag unempfindlicher als Sprengpulver und Sprengsalpeter. Die Explosionskraft des Petroklastites. welcher Sprengstoff durch die Zündschnur zur Detonation gebracht werden kann, ist wesentlich höher wie diejenige der angeführten Sprengstoffe. Sprengsalpeter gibt beispielsweise eine Wurfweite im Mörser von 44 m, Sprengpulver von 49 m,

Petroklastit von 60—70 m. Andere Sprengstoffe, welche eine höhere Wurfweite im Mörser zeigen, sind im Gegensatz zu Petroklastik nicht durch eine Zündschnur, sondern nur durch eine Knallquecksilber-Sprengkapsel zur Detonation zu bringen. — Der Sicherheitssprengstoff Carbonit, der 25 % Nitroglyzerin enthält, gibt unter diesen Bedingungen eine Wurfweite von ca. 90 m. Der Sprengstoff des vorliegenden Patentes (Petroklastit) ist der erste Repräsentant von Sprengstoffen, welche den sog. brisanten Sprengstoffen nahe stehen, aber nicht ausschliesslich durch eine Knallquecksilber-Sprengkapsel, sondern auch durch eine Zündschnur zur Detonation gebracht werden können. — Eine weitere Eigentümlichkeit des Sprengstoffes nach dem vorliegenden Verfahren besteht darin, dass derselbe mehr schiebend wirkt und ein für die Arbeiten in weichem Material vorteilhaftes Nachbrennen zeigt.“

Im Zusatzpatent 97401 werden als kohlenstoffhaltende Materialien statt Pech oder Harzen namentlich Oele, Firnisse, Lacke, Naphtalin etc. benützt.

3. Pulver mit Ersatzstoffen für Schwefel.

Im Xanthat-Pulver von Dr. Schwarz haben wir neben dem Kalisalpeter nicht ein mechanisches Gemenge von Schwefel und Kohle, sondern eine chemische Verbindung, welche hauptsächlich aus letzteren beiden Elementen besteht, nämlich das äthylxanthogensaure Kalium, das aus Schwefelkohlenstoff, Kalilauge und Aethylalkohol hergestellt wird:

$$CS_2 + KOH + C_2H_5OH = C_2H_5OCS_2K + H_2O.$$

Dieses Salz bildet farblose, seidenglänzende Nadeln.

Das Xanthatpulver besteht aus 68,49 % Kaliumnitrat, 27,4 % xanthogensaurem Kalium und 4,11 % Kohle. Die einzelnen Bestandteile werden zuerst in einer Kugeltrommel jeder für sich, dann im Gemenge innig zerrieben, gemengt, mit Alkohol befeuchtet, zu Kuchen gepresst und gekörnt.

Unter der Bezeichnung *Haloxylin* wird in Oesterreich von Fehleisen ein schwefelfreies Sprengpulver hergestellt; es besteht aus 75% Kali- (oder auch Natronsalpeter), 15% Sägemehl, $8^1/_3$% Holzkohle und $1^2/_3$% Ferricyankalium. — Sägemehl, Salpeter und Holzkohle werden zunächst innig gemengt, worauf per 100 kg 2 Liter Wasser, resp. Ferricyankalium-Lösung hinzugefügt werden. Die Masse wird dann wie gewöhnliches Pulver gedichtet, gekörnt, getrocknet und eventuell poliert. Haloxylin soll Schwarzpulver an Sprengwirkung übertreffen; jedoch dürfte vor allem das österreichisch-ungarische Pulvermonopol zu seiner Herstellung Veranlassung geben.

Wir betrachten nun III. andere, dem Schwarzpulver nahestehende explosive Mischungen.

1. *Das Knallpulver.*

Das sogenannte Knallpulver besteht aus drei Teilen Kalisalpeter, zwei Teilen kohlensaurem Kali und einem Teil Schwefel. Schmilzt man es und erhitzt weiter, so explodiert es mit heftigem Knall. Es wird zuerst von Glauber in seinen „philosophischen Oefen" 1648 erwähnt; Glauber sagt: Wenn ein Teil salis tartari, anderthalb Teil sulphuris mit drei Teilen salis nitri zusammengerieben werden, wird eine Komposition daraus, welche fulminiert gleich wie ein „Aurum tonitruans". — Eine solche Mischung explodiert allerdings mit starkem Knall und ziemlicher Kraft, jedoch nur, wenn man sie zunächst langsam bis auf 450° C. erhitzt; es bildet sich dann zuerst Schwefelkalium, welches vom Sauerstoff des Salpeters oxydiert wird. Im kalten Zustand entzündet, charakterisiert sich das Knallpulver kaum als Explosivstoff und schwächt, als Zusatz zum Schwarzpulver, dieses nur ab; die plötzlich auftretende und rasch verschwindende Flamme des Schwarzpulvers ruft die beschriebene Reaktion nicht hervor; man findet denn auch das Knallpulver in späteren sprengtechnischen Vorschriften nur sehr selten empfohlen.

2. Das Amid-Pulver.

Dieses Pulver besteht aus 40—45 % Kalisalpeter,
35—38 % Ammonsalpeter,
14—22 % Holzkohle.

Bei der Entzündung dieses Pulvers soll sich Kaliumamid, eine bei höherer Temperatur flüchtige Verbindung von explosivem Stickstoffkalium mit Ammoniak bilden, die den Nutzeffekt des Pulvers erhöht. Die Explosionsgleichung soll folgende sein:

$$KNO_3 + NH_4NO_3 + 3C = KNH_2 + H_2 + N_2 + CO_2 + CO$$

Dieses Pulver wurde von Gaens in Hamburg zuerst hergestellt (D. R. P. 37631 vom 14. Okt. 1885) und dann im Jahre 1886 für Geschütze kleineren Kalibers eingeführt; das Amidpulver verbrennt mit geringem Rauch und ist von grosser Energie. — Castner sagt hierüber Folgendes: Die vorteilhaften Eigenschaften des braunen Pulvers C/82 blieben auf die grossen Geschützkaliber beschränkt, kamen also im Wesentlichen nur der Küsten- und Schiffsartillerie zu Gute; es lag nahe, in den hiemit erreichten Fortschritt auch die kleinen Kaliber einzuschliessen; die bezüglichen Versuche mit geänderter Körnergrösse und Körnerform, andrer Zusammensetzung und Herstellungsweise hatten nicht den erhofften Erfolg. Endlich brachten die Vereinigten Rheinisch-Westphälischen Fabriken ein neues Pulver in den Handel, welches bei kleinem Gasdruck wesentlich mehr leistete als alle bisherigen Pulver. Dieses sogen. Amid-Pulver C/86 stimmt in Form und Farbe der Körner mit dem deutschen grobkörnigen Pulver C/73 ziemlich überein; es hinterlässt im Rohr nur wenig leicht zu beseitigenden Rückstand und erzeugt beim Schiessen nur wenig dünnen, schnell versteigenden Rauch. Die Krupp'sche Fabrik erlangte mit diesem Pulver C/86 in allen kleinen Kalibern überraschend günstige Ergebnisse. Während das braune Prisma-Pulver in der 15 cm Kanone *L*/35 der 51,25 kg schweren Granate mit 17 kg Ladung bei 2205 Atm. Gasdruck 540,5 m Anfangsgeschwindigkeit oder 763 m lebendige Kraft gab, wurden mit 14 kg Pulver C/86 bei 2490 Atm. Gasdruck 617 m Anfangsgeschwindigkeit und 1000 m lebendige Kraft erzielt.

Die Versuche wurden mit dem gleichen Geschützkaliber ausgeführt, dessen Granaten im Januar 1871 bis in das Herz von Paris drangen und welches 1864 bei der Belagerung von Düppel die 11 cm dicken Panzer des Rolf Krake so erfolglos beschossen hatten; freilich hatten damals die 27,5 kg schweren gusseisernen Granaten nur 270 m Anfangsgeschwindigkeit und 103 m lebendige Kraft; die Arbeitskraft oder Leistung dieses Kalibers ist also inzwischen verzehnfacht worden. — Das grobkörnige Pulver C/86 bildete in seiner Arbeitsleistung und seinem Verhalten den Uebergang zum heutigen rauchlosen Pulver, mit welchem 1888 eine neue Epoche in der Entwicklung des Schiesspulvers anhebt. — Nach England wird das Amid-Pulver unter der Bezeichnung Chilworth Special-Powder importiert.

3. *Pikratpulver.*

Die Pikrinsäure (Trinitrophenol, $C_6 H_2 (NO_2)_3 OH$) und auch ihre Salze, soweit sie *für sich* als Sprengstoffe dienen und mittelst Initialzündung als brisanter Explosivstoff zur Detonation gebracht werden, bleiben vorläufig ausser Betracht; hier sollen nur die dem Schwarzpulver ähnlichen Gemische aus Kalisalpeter und pikrinsauren Salzen erwähnt werden; es handelt sich also auch um Surrogate für Schwarzpulver, an Stelle von Kohle und Schwefel sind hier pikrinsaure Salze getreten. — Ein Pulver aus Salpeter und pikrinsaurem Kali wurde zuerst von Dessignole im Jahre 1861 hergestellt; sieben Jahre später erfolgte die Herstellung in den französischen Staatsfabriken in Le Bouchet auf ziemlich grossem Fusse; man stellte vier Arten des Dessignole'schen Pulvers her.

1. Sprengpulver für Torpedo's und Hohlgeschosse, ungefähr aus gleichen Teilen Kalisalpeter und Kaliumpikrat bestehend;
2. rasch wirkendes Kanonenpulver für Geschütze mit kurzem Rohr;
3. langsam wirkendes Kanonenpulver für Geschütze mit langem Rohr;
4. Gewehrpulver.

Die Schiesspulver 2., 3. und 4. enthielten sämtlich zur Verminderung der Brisanz auch Kohle und zwar 7—10 %; die Kanonenpulver enthielten 9—16 % Kaliumpikrat, das Gewehrpulver ungefähr 23 %.

Die Herstellung der Pikratpulver geschah auf folgende Weise: Die Mischung der einzelnen Bestandteile wurde unter Zusatz von 6—14 % Wasser drei bis sechs Stunden lang gestampft, dann mittelst einer hydraulischen Presse gedichtet, gekörnt und in der gewöhnlichen Weise in rotierenden Tonnen poliert. — Im deutsch-französischen Kriege 1870/71 soll einige aus Dessignole'schen Pulver verfertigte Gewehrmunition verbraucht worden sein; man scheint aber hiebei keine günstigen Erfahrungen gesammelt zu haben, da die Fabrikation des Pulvers in den 70iger Jahren nicht fortgesetzt wurde. Der Erfinder bezeichnet als Vorzüge seines Pulvers den alten gegenüber eine grössere ballistische, bezw. Sprengwirkung bei verhältnissmässig geringem und wenig schädlichem Rauch; ausserdem wird infolge der Abwesenheit von Schwefel das Metall der Gewehre und Geschütze durch die Verbrennungsprodukte nicht so angegriffen wie bei den schwefelhaltigen Mischungen.

Um die Menge der festen Explosions-Produkte zu verringern ersetzte im Jahre 1869 Brugère das von Dessignole gebrauchte Kaliumpikrat durch Ammoniumpikrat; er stellte ein Pulver her aus 54 Teilen Ammoniumpikrat und 46 Teilen Kaliumsalpeter.

Das Poudre Brugère wurde im Jahre 1886 versuchsweise in der französischen Armee für das Lebel-

gewährt. Die Pulvereinfuhr ist verboten; Reisende sind befugt, Mengen bis zu 2 Kilogramm mit sich zu führen, wenn das Pulver nachweislich zu eigenem Verbrauche verwendet werden soll. Die in Frankreich abgesetzten Quantitäten, sowie der Erlös und der erzielte Gewinn waren seit 1819—1885 in steter Zunahme begriffen. Die Mengen sind von $0{,}_{68}$ auf $4{,}_{55}$ Millionen Kilogramm gestiegen, der Erlös von $3{,}_{27}$ auf $12{,}_{47}$ Millionen Francs; der Ertrag belief sich im Budget für 1900 auf $11{,}_{523}$ Millionen Francs. Im Laufe der letzten Jahre ist eine Mehrzahl von Dekreten ergangen, die sich mit der Festsetzung der Preise für die verschiedenen Pulversorten u. s. w. beschäftigen.

In *Oesterreich* wurde seit 1650 ein Salpeter- und Pulver-Monopol ausgebildet; 1853 ist das Salpeter-Monopol aufgehoben, das Pulver-Monopol aber als Fabrikations- und Verschleiss-Monopol beibehalten worden; die Verwaltung steht den Militär-(Artillerie-) Behörden zu; die Wirksamkeit des Monopols ist beschränkt. Die Herstellung von Pulver durch Privatpersonen darf nur mit Ermächtigung der Militärbehörde geschehen, welche die zu erzeugende Pulvermenge und den zu verarbeitenden Salpeter vorschreiben. Das Fabrikat ist dann an die Militär-Magazine abzuliefern. Für den Gross- und Klein-Verschleiss ist eine Lizenz erforderlich, die von den politischen Behörden erster Instanz im Einvernehmen mit den Militärbehörden erteilt wird. Für den Verkauf, Umgestaltung des Monopol-Gegenstandes und sonstige Verkaufs- und Absatzbedingungen besteht eine Anzahl besonderer Vorschriften. Die gleichen Rechtsverhältnisse gelten auch für Ungarn.

In *Italien* bestand in den Jahren 1867—69 auf dem Festlande und in Sardinien ein Pulvermonopol, welches durch eine im Jahre 1877 erheblich erhöhte Steuer ersetzt wurde.

Serbien hat ein Monopol für Herstellung und Verkauf von Pulver. (Gesetze vom Jahre 1884 und 1885); der Regierung steht die Befugnis zu, dasselbe auf 25 Jahre zu verpachten.

In *Deutschland* besteht kein staatliches Monopol, jedoch hat die wirtschaftliche Entwicklung zur Kartellierung der Privatindustrie geführt. Zunächst wurde das Schwarzpulver von Pulvermüllern innerhalb der Städte erzeugt; im Jahre 1360 geriet das Rathaus zu Lübeck durch die Nachlässigkeit derer „qui pulveres pro bombardis parabant“ in Brand; es scheint, dass man 200 Jahre lang die Herstellung von Pulver in bewohnten Stadtteilen geduldet hat. Später ergingen Verordnungen, so z. B. im Jahre 1528 in Breslau, wonach kein Pulver mehr in der Stadt gemacht werden solle. Die Pulvermühlen wurden dann hauptsächlich an solchen Orten angelegt, wo grössere Wasserkräfte zur Verfügung waren. Eine der ältesten deutschen Pulverfabriken dürfte wohl jene von W. Güttler zu Reichenstein (Preuss. Schlesien) sein; der von dem jetzigen Inhaber, Kommerzienrat Hermann Güttler anlässlich des 200jährigen Jubiläums herausgegebenen Festschrift entnehmen wir das Duplikat der Erlaubnis-Urkunde vom 18. Juni 1695.

„Von göttlicher Vorsehung Wir, Augustinus, Abbt und Herr des Fürstl. Kloster-Stiefts Camentz, heyl. Ordens von Cistertz x. x. und neben unß F. Dominicus Prior, F. Elias Senior, F. Guillelmus p. A. Präpositus Warttae, F. Jonattius Supprior, im nahmen der gantzen Geistl. Sambdlung allhier, Uhrkunden und Bekennen hiermit, das demnach der Ehrsamme, Unser getreuer lieber Hans Krahl, Pulvermacher, unter unserer des Stiefts Jurisdiction zu Meyfrietsdorf, seiner erlernten Profession nach zu dem Pulvermachen und was diesem anhängig ist, mit obrigkeitlicher Vergünstigung gewisser Stücke allen Rechts sich bishero zwar gebraucht, darüber aber nichts Schriftliches rechtmäßigen Besitzes derselben erweisen kannten, Wir mit vorgehabtem Rathe, auf gedachten Hanß Krahl gehorsamb — und inständiges bietten, ihme heute acto, erblich verkaufft und hingelaßen haben wie hernach folget. 1mo.) Ist die Salpeter-hütten, oder sein sogenanntes laboratorium in dem allen-Recht zunechst Heinrich Weniger's am Obern und Martin Bühl's des Riedern, am untern Theile gelegen, in denen albereit eingezeümbten Gräntzen, Ihme, Krahlen, undt seinen nachkommenden Erben und Erbnehmen, so lange dieses zu vorgedachter Profession deß Pulvermaches gebraucht werdt, umb einen jährlichen Erbzünß jedesmahl Termin Michaelis 18 gr. erbl ohne andre Beschwerden zu besietzen undt auf solche weiß seinem und seiner Successorum Gefallen nach hinwiederumb zu veralieniren oder zu verschenken und zu verkauffen eingeraeumet jedoch mit diesem Bescheide: Wann daraus über kurtz oder lang ein Auenhaus gemachet werden sollte, dieses anderen Auen-Haeusern gleich werden und besietzer dessen, nach solcher Veränderung alle darauf kommende Dobothen zu verrichten, jährl. 6 gr. Erb-Zünß und so offte es von nöthen, in die Gemeinde von Zwey Märken-Schatzung beyzutragen schuldig und entgegen obige 18 gr. abgethan sein sollen. 2.do) Haben wir mehrgemeldetem Hanß Krahl die zur Zeit gleichfalls von Ihm zwar erbaut aber bloß precario gebraucht und besessene Zwey-Pulver-Mühlen, die eine in dem Meyfrietsdorfer Ober-Vieh-wege zunechst des Scholtzens zu Follmersdorf Geholtze, x. x. mit denen hiezu benöthigten und außgezeichneten Wasserlaeuffen erblich zu haben, zu besietzen x. x. dan auf dem Auen-Rechte so viel er zum Pulvermachen braucht, nöthige Kohlen brennen und darmit auch nach seinem Gefallen, gebahren hinwiederumb verkauffen, verschenken, verwechseln an andere Possessores (jedoch Unsern und des Stifts Ob- undt Bothmässigkeiten allemahl onschädlich) bringen zu können eingeräumt und solches alles verkauffet umb eine Summe Geldes Zwey Hundert Thaler schlesisch, welche wir allsobaldt baar empfangen undt zu des Stiefts Nutzen angewendet haben. Sonsten soll oft erneuter Hans Krahl undt seine Nachkommende über die bezahlte Kauf-Summa jährl. dem Stieft Termin Michaelis von solchen drey Mühlen sambt dem Dörrhaeusel zu einem immerwährenden Zünß, einen Thaler 9 gr. abzuführen schuldig sein. Welches alles zu wahrer Beglaubigung mit anhängenden Unserm undt C. M. C. Conventus-Insiegeln und gewöhnlichen Unterschriften bekräftigt worden. Den achtzehenden Monaths-tag Juny des sechszehnhundert fünf und neuntzigsten Jahres."

Diese Pulvermühlen bestehen noch heute als Eigentum der Firma W. Güttler bei Maifritzdorf-Follmersdorf-Heinrichswalde im Reg.-Bez Breslau, Kreis Frankenstein in Schlesien; eingehendere Details finden sich in der erwähnten Jubiläumsschrift. welche auch zahlreiche Abbildungen enthält.

Von langem Bestand sind auch die Werke von Cramer und Buchholz; diese Fabrik wurde gegen 1760—1770 von Johann Hermann Cramer in Rönsahl in Westfalen gegründet; 1826 teilte sich die Fabrik in die Firmen Cramer & Buchholz und Carl Theodor Cramer, welch letztere 1851 nach dem Tode des Inhabers an die Firma Cramer & Buchholz überging, deren einziger Inhaber mittlerweile der Kommerzienrat Carl Friedrich Buchholz geworden war; im Jahre 1873 wurde die Fabrik von Johann Hampe Nachf. in Rübeland angekauft und dort eine Zweigniederlassung gegründet.

1892 wurde die Firma umgewandelt in

Cramer & Buchholz,
Pulverfabriken mit beschränkter Haftung.

Eine andre alte Pulverfabrik war die im Jahre 1793 gegründete von L. Ritter in Hamm in Westfalen, welche jedoch später von den Köln-Rottweiler-Pulverfabriken aufgekauft wurde.

Ebenfalls alten Bestandes ist die Pulverfabrik von Wolff & Co. in Walsrode in Hannover, welche jetzt als Kommanditgesellschaft auf Aktien mit einem Kapital von 1.100.000 Mk. betrieben wird.

Die auch schon lange existierende Pulverfabrik der Familie Martin in St. Ingbert wurde im Jahre 1898 unter der Firma

Pfälzische Pulverfabriken, Akt.-Ges. in St. Ingbert

in eine Aktiengesellschaft verwandelt; diese Gesellschaft, welche mit einem Aktienkapital von 1½ Millionen Mark arbeitet, erwarb dann auch von der Firma Raab Karcher & Co. die in Schopp in der Pfalz gelegene Pulverfabrik und richtete dieselbe neu ein.

Die im Jahre 1886 gegründete Rheinisch-Westfälische-Sprengstoff-Aktien-Gesellschaft in Köln (Fabrik in Rönsahl u. s. w.) ist aus der im Jahre 1784 gegründeten Rönsahler Pulverfabrik hervorgegangen.

Die Pulverfabrik Tinsdal in Holstein, Akt.-Ges. mit dem Sitze in Hamburg betreibt eine an der Elbe gelegene, früher der Firma Klée und Köcher gehörige Pulverfabrik mit einem Aktienkapital von 150.000 Mk.

Am interessantesten ist die Entwicklung der Vereinigten Köln-Rottweiler Pulverfabrikeu, in welcher Firma eine grosse Anzahl früherer kleinerer Betriebe im Laufe der Zeit aufgegangen sind.

Diese kleinen Pulvermühlen, welche, wie wir gesehen haben, ausserhalb bewohnter Orte angelegt werden mussten, möglichst an Stellen, wo Wasserkraft zur Verfügung stand, (der Dampfbetrieb in Pulverfabriken gehört erst der neueren Zeit an) waren in Beziehung auf ihre geographische Lage nach folgenden Gegenden gruppiert: [1])

1. Westdeutschland mit Rheinland und Westfalen,
2. Thüringen und Sachsen,
3. Süddeutschland, besonders Württemberg und Bayern,
4. Schlesien,
5. Norddeutschland, besonders Schleswig-Holstein und Hannover.

Die Gründe wirtschaftlicher Art für die Entstehung der Pulverfabriken innerhalb dieser Gruppen liegen, abgesehen von einzelnen Jagdpulverfabriken, zunächst für den Absatz von Sprengpulver für Bergbau in dem Bestreben, zur Verminderung der Kosten

---

[1]) Vergl. Dr. Karl Hampke in Deutsche Wirtschaftskunde, Band III. Seite 529.

der Anlieferung, welche zur Zeit nur mittelst Fuhre erfolgen konnte, dem Absatzgebiete möglichst nahe zu kommen. Als solche Absatzgebiete sind namentlich zu bezeichnen:

a) in West-Deutschland die Bezirke des Eisenbergbaues an der Sieg, des Kohlenbergbaues an der Ruhr und an der Saar;
b) in Thüringen und Sachsen die Kupferbergwerke bei Mansfeld am Harz, der Bezirk des sächsischen Erzbergbaues bei Freiburg i. S., die sächsischen Kohlenbergwerke bei Zwickau und in Potschappel bei Dresden;
c) in Schlesien die oberschlesischen Kohlenreviere;
d) in Württemberg und Bayern ist die Entstehung der Pulverfabriken von Salzbergwerken, ganz bedeutenden Strassen- und Eisenbahnbauten und grossartigen Steinbruchbetrieben abhängig gewesen;
e) in Norddeutschland ist für die Anlage von Pulverfabriken an ihren jetzigen Betriebsorten die für den Export günstige Lage in der Nähe von Hamburg und Bremen bestimmend gewesen.

Im Laufe der Zeit bildete sich nun in Süddeutschland einerseits, am Rhein andrerseits je eine bedeutende Firma, welche eine grosse Zahl kleiner Betriebe in sich aufnahm. *)

In Süddeutschland war es der unlängst verstorbene Max Duttenhofer in Rottweil, welcher Anfang der 60iger Jahre eine kleine Pulvermühle als sein väterliches Erbe übernahm; es war dies unmittelbar vor dem Ausbruch dreier, in kurzen Zwischenräumen sich folgender Kriege, und da Duttenhofer es verstand, in den massgebenden militärischen Kreisen

*) Vgl. Kartellverbindungen im Pulvergeschäft und verwandten Produktionszweigen von F. A. Spiecker in den Schriften des Vereins für Sozialpolitik, Band 60, Seite 245.
Ferner Georg Feuchter, der deutsche Pulverring. Göppingen 1896.

sich Eingang zu verschaffen, so kam seine Fabrik durch Lieferungen von Kriegspulver bald in Blüte. Schon im Jahre 1872 ging die Rottweiler Pulverfabrik in den Besitz einer Aktiengesellschaft über mit Hrn. Duttenhofer als Generaldirektor an der Spitze; das Aktienkapital wurde auf die verhältnissmässig geringe Summe von 210.000 Gulden festgesetzt.

Inzwischen steigerten sich aber die Militärpulver-Aufträge von Jahr zu Jahr, so dass die Rottweiler Pulverfabrik bald verschiedene kleinere, in Württemberg, Baden und Bayern zerstreute Pulverwerke aufkaufen und entweder niederreissen oder zur ausschliesslichen Fabrikation von Handelspulver einrichten konnte, während sich Rottweil selbst mit voller Wucht auf die Militärpulver-Fabrikation warf. Im Jahre 1876 wurde, um dem Weltverkehr näher zu sein, von der Rottweiler Aktiengesellschaft die Pulverfabrik Düneberg bei Hamburg gegründet und sowohl zur Militär- als zur Exportpulver-Fabrikation in grossem Massstabe eingerichtet; nach Hamburg selbst wurde das kaufmännische Exportbureau verlegt, während in Rottweil das Zentralbureau verblieb. Von diesem Zeitpunkt ab führte die Gesellschaft den Namen Pulverfabrik Rottweil-Hamburg. Das Aktienkapital wurde allmählich erhöht und betrug im Jahre 1884 2.700.000 Mk.

Ungefähr zur gleichen Zeit, als die Rottweiler Pulverfabrik an eine Aktiengesellschaft überging, vollzog sich am deutschen Unterrhein ein ähnlicher Prozess, nämlich die 1873 erfolgte Vereinigung von 19 in Rheinland und Westfalen zerstreuten Pulverfabriken zu einer Aktiengesellschaft unter dem Namen „Vereinigte Rheinisch-Westfälische Pulverfabriken“ mit dem Zentralsitz in Köln und Herrn J. N. Heidemann als Generaldirktor an der Spitze.

Diese Fabriken, in Mitten zweier industrie- und grubenreichen Provinzen gelegen und ursprünglich weit kapitalkräftiger und umfangreicher als die Rottweiler Fabrik, befassten sich in erster Linie mit der Herstellung von Handels-, namentlich Sprengpulver, für welches jene Gegenden ein dankbares Absatzgebiet bilden. Später zog jedoch die rheinische Gesellschaft auch die Fabrikation des prismatischen Geschützpulvers in ihren Bereich und nun entstand ein scharfes Konkurrieren zwischen Köln und Rottweil, welches schliesslich dahin führte, dass beide Firmen am 14. März 1882 einen „beschränkten Kartellvertrag" schlossen, mit rückwirkender Kraft vom 10. Mai 1881 ab, zunächst auf die Dauer vou 4 Jahren.

Der Kartellvertrag war beschränkt auf die gegenseitige Gewinnbeteiligung — zu gleichen Teilen — an denjenigen Geschäften, für welche die beiden Kontrahentinnen allein in Betracht kommen konnten wegen der dabei vorausgesetzten hohen technischen Leistungsfähigkeit. (Prismen-Pulver.) Alle anderen Geschäfte, bei welchen auch die kleineren Betriebe in Konkurrenz treten konnten, blieben von der Wirksamkeit dieses Kartellvertrages ausgeschlossen. Für diejenigen Pulver, welche auch mit einfacheren Betriebseinrichtungen hergestellt werden konnten, wurden hin und wieder Verträge mit den kleineren Konkurrenten geschlossen, welche teils eine Preisvereinbarung mit oder ohne Begrenzung des Absatzgebietes, teils eine Verteilung der Absatzmenge unter syndikatsmässiger Gewinnverteilung bezweckten.

Unter den unabhängig gebliebenen Kleinbetrieben schwangen sich im Laufe der Zeit wiederum einzelne zu höherer, technischer Leistungsfähigkeit empor; alsbald trat auch bei ihnen das Bedürfniss zu engerem Anschluss untereinander hervor. So kam es, dass die Firma Cramer & Buchholz in Rönsahl und Rübeland mit der Firma Wolff & Co. in Walsrode zur gemeinsamen Verrechnung ihres Geschäftsergebnisses sich in kartellmässiger Weise verband; so vereint wurden die beiden letztgenannten Firmen achtungerweckende Konkurrenten für die beiden grösseren Gesellschaften.

Es wurde daher im Mai 1889 zwischen den

1. Vereinigten Rheinisch-Westphälischen Pulverfabriken in Köln,
2. der Pulverfabrik Rottweil-Hamburg,
3. der Fabrik Cramer & Buchholz in Rönsahl und Rübeland,
4. der Firma Wolff & Co. in Walsrode

ein fernerer Kartellvertrag abgeschlossen, durch welchen jedem der vier Kontrahenten, bei voller Wahrung seiner Unabhängigkeit und Selbständigkeit ein prozentual festgesetzter Anteil an dem gesamten Geschäftsergebnis der vier Firmen zugesichert wurde.

Bald darauf vollzog sich die Fusion der Rheinischen Gesellschaft mit der Rottweil-Hamburger; am 1. Juli 1889 wurde zunächst eine Personal-Union herbeigeführt, indem Duttenhofer zu Gunsten von Heidemann als Generaldirektor abdankte; am 1. Januar 1890 fand die Verschmelzung der beiden Firmen, nämlich der Rheinisch-Westfälischen Pulverfabrik mit 7.2 Millionen Mk. Aktienkapital und der Pulverfabrik Rottweil-Hamburg mit 9 Millionen Mk. Aktienkapital unter dem Namen

Vereinigte Köln-Rottweiler Pulverfabriken

statt; die neue Gesellschaft war mit 300.000 Mk. gegründet worden, hatte aber nach Aufnahme der beiden grossen Firmen über ein Kapital von $16^{1}/_{2}$ Millionen Mk. zu verfügen.

Im Eigentum der neuen Gesellschaft befinden sich ferner die Pulverfabriken Tinsdal in Holstein und Kunigunde im Harz, beide mit abgesonderter Verrechnung und Verwaltung.

Mit den Firmen Cramer & Buchholz, sowie Wolff & Co. bildet die Köln-Rottweiler Firma die sogen. „Pulvergruppe." — Diese Pulvergruppe war schon kurz vor der Fusion Köln-Rottweil weiterhin mit der sogen. „Sprengstoffgruppe", welche sich nach Einführung des Dynamits gebildet hatte und durch die weitere Erfindung des rauchlosen Pulvers von noch grösserer Bedeutung geworden war, einen Kartellvertrag eingegangen, der mit Wirkung vom 1. Juli 1889 bis 31. Dezember 1925 geschlossen und als sogen. „Allgemeiner Kartellvertrag“ von der grössten Bedeutung geworden ist.

Dieser Allgemeine Kartellvertrag wird an andrer Stelle zu berücksichtigen sein, da er als solcher die Schwarzpulver-Industrie nicht berührt.

Für die Schwarzpulver-Industrie kommen, ausser dem Kartell vom Mai 1889, noch Preiskonventionen zwischen den Kartellierten einerseits, den ausserhalb stehenden Firmen (Pfälzische Pulverfabrik, W. Güttler etc. etc.) andrerseits in Betracht.

Noch zu erwähnen sind die staatlichen Pulverfabriken in Spandau, Hanau und Ingolstadt. Die Herstellung des Schwarzpulvers aus Salpeter, Kohle und Schwefel auf dem Wege rein mechanischer Vermischung stellte keine zu grossen Anforderungen an das technische Können und so konnten diese Fabriken gut von Offizieren geleitet werden, die als Leutnants zu Direktions-Assistenten, als Hauptleute zu Unterdirektoren, als Stabsoffiziere zu Direktoren der einzelnen Fabriken avancierten; einzelne Offiziere, wie General Küster, Oberst Castenholz u. A. erwarben sich hiebei einen besonderen Namen.

Die neuen Erfindungen auf dem Gebiete der Explosionstechnik haben auch hier neue Bedürfnisse gezeitigt, und es wurde auf den Rat von General Küster in Spandau ein für Chemiker und Physiker bestimmtes Militär-Versuchsamt (früher Versuchs-Stelle für Sprengstoffe benannt) gegründet, von welchem später noch die Rede sein soll.

Zum Schlusse wollen wir noch einen Blick auf die Industrie des Schwarzpulvers in den Vereinigten Staaten von Nord-Amerika werfen. Als Begründer dieses Industriezweiges auf rationeller Basis darf Elenthere Jrénée du Pont de Nemours angesehen werden, der, ein Schüler Lavoisiers, vor 100 Jahren die heute weltbekannten Werke zu Wilmington in Delaware anlegte.

Es wurde schon erwähnt, dass in den Vereinigten Staaten im Jahre 1902 in 37 Etablissements 97 744 237 Pfund Schwarzpulver zu Sprengzwecken (im Wert von 3 880 910 Dollars) erzeugt wurden; für Schiesszwecke wurden hergestellt 25 638 804 Pfund Schwarzpulver, im Werte von 1 452 377 Dollars, hauptsächlich in Pennsylvanien, Ohio, Delaware und Jowa.

Für letztere Mengen wurden verbraucht

8614 Tonen Kalisalpeter,
147 810 Bushels Holzkohle,
1282 Tonen gereinigter Schwefel.

Die Zusammensetzung des amerikanischen Schwarzpulvers für Schiesszwecke ist gewöhnlich

75 % Kalisalpeter, 15 % Holzkohle, 10 % Schwefel.

Kurz erwähnt sei noch Belgien mit der rühmlichst bekannten kgl. Pulverfabrik von Cooppal & Co. zu Wetteren bei Gand in Flandern, sowie Portugal mit der staatlichen Schwarzpulverfabrik in Barcarena, etwa 15 Kilometer nördlich von Lissabon an der Linie nach Cintra.

Nachtrag.

I. Schwarzpulver.

Auf der Düsseldorfer Ausstellung hatten die Köln-Rottweiler Pulverfabriken folgende Sorten Schwarzpulver ausgestellt:

Gewehrpulver M. 71. Neues deutsches Gewehrpulver M. 71/84.

Feinkörniges Geschützpulver. Grobkörniges Geschützpulver 4—9 mm.

Deutsches grobkörniges Geschützpulver. Braunes grobkörniges Geschützpulver 1—3 mm.

Satzringpulver. Zünderpulver. Füllpulver. Progressivpulver. Musketpulver.

Sprengladungspulver 2—4 mm, 6—10 mm, 10—13 mm, Granatpulver O. S. 10—13 mm.

Pulvercylinder für Schrapnels von 6, 8,5, 10, 14, 15 und 19 mm,

Würfelpulver von 10, 15, 20, 25 mm, braunes Würfelpulver von 10 mm.

Holländisches Gewehrpulver, holländisches Würfelpulver von 10 und 15 mm.

Oesterreichisches, englisches, serbisches Pulver, schwarzes und braunes Prismen-Pulver.

Daneben war eine Zusammenstellung folgender Gewehre von Interesse:

	Kaliber
Altes deutsches Feuerstein-Schloss-Gewehr	20,5 mm
Preuss. aptirtes Zündnadel-Gewehr 1870	15,43 „
Deutsches Gewehr M. 71	11,— „
Englisches Snider-Gewehr	14,5 „
Belgisches Albini-Gewehr	11,— „
Russisches Berdan-Gewehr	10,6 „

Diesen Gewehren älterer Konstruktion waren als moderne Gewehre gegenübergestellt:

Türkei:	Mauser-Gewehr	Kaliber	7,65 mm
Transvaal:	„ „	„	7,—
Serbien:	„ „	„	7,— „
England:	Lee-Mitford-Gewehr	„	7,7 „
Nordamerika:	Springfield-Gewehr	„	7,62 „
Luxemburg:	Mauser-Gewehr	„	6,5 „

Bemerkenswert war auch folgende Zusammenstellung von Kartuschen.

Kartusche für 7,5 cm Feldgeschütz 0,4 kg feinkörniges Geschützpulver
„ „ 8,7 „ „ 1,5 „ grobkörniges „

Kartusch.	f. 10,5	cm	Kan.,	Lad 4	kg	prism. Pulv.,	98	Prism.,	C/68, schwarz
„	„ 12	„	„	„ 5	„	„	„ 114	„	C/82, braun
„	„ 17	„	„	„ 15	„	„	„ 352	„	„
„	„ 17	„	Haubitze,	9,5	„	„	„ 209	„	„
„	„ 21	„	„	„ 9,5	„	„	„ 209	„	„
„	„ 21	„	Kan.,	„ 26,5	„	„	„ 600	„	„
„	„ 21	„		„ 40,0	„	„	„ 918	„	„
„	„ 24	„		„ 46,5	„	„	„ 1073	„	„
„	„ 28	„		110,0	„	„	„ 2480	„	„
„	„ 28	„		„ 75,0	„	„	„ 1728	„	„
„	„ 40	„		325,0	„	„	„ 7337	„	„

In *Oesterreich-Ungarn* wird das zu Kriegszwecken als Gewehr- und Geschützpulver bestimmte Schwarzpulver teils in der k. u. k. Pulverfabrik zu Stein bei Laibach, teils in Privatwerken erzeugt und es sind gegenwärtig (nach Marschner) noch folgende Sorten für Friedenszwecke in Gebrauch:

1. das Gewehrpulver M. 81, ein feinkörniges Pulver (Korngrösse 0,57—1,5 mm) mit einer Korndichte von 1,5;

2. das gewöhnliche (ordinäre) Geschützpulver, ein feinkörniges Pulver (Korngrösse $1{,}2$—$1{,}5$ mm), Korndichte $1{,}56$—$1{,}6$;
3. das Würfelpulver mit würfelförmigen, polierten Körnern; hievon bestehen drei Gattungen, welche nach der Seitenlänge des Würfels benannt werden, und zwar:
   a) das 7 mm Würfelpulver, Korndichte $1{,}65$,
   b) „ 13 „ „ „ $1{,}69$,
   c) „ 21 „ „ „ $1{,}75$;
4. das schwarze, prismatische Pulver M. 80, bei welchem jedes Korn die Form eines regelmässigen, sechsseitigen Prismas von 25 mm Höhe und 40 mm Durchmesser besitzt und mit einem achsial angeordneten Kanal versehen ist. Korndichte $1{,}75$—$1{,}8$;
5. das braune, prismatische Pulver, M. 82, Korndichte $1{,}8$—$1{,}86$.

Die Sprengladung der Hohlgeschosse besteht in Oesterreich

aus schwarzem Gewehrpulver:
bei den Schrapnels und Aufschlagschrapnels,
bei den 9 cm und 15 cm Stahlgranaten,

aus Geschützpulver:
bei den 15 cm und 24 cm Hartgussgranaten,
bei den 24 cm, 28 cm und $30{,}5$ cm Stahlgranaten,

aus dem später zu erwähnenden Ammonal:
bei der 10 cm Granate,

aus dem später zu erwähnenden Ekrasit:
bei den Ekrasitgeschossen.

In *Italien* wird schwarzes Kornpulver und prismatisches Pulver in den Staatsfabriken zu Fossano und Scafati hergestellt.

In *Frankreich* führt das braune prismatische Pulver die Bezeichnungen

B_1, B_2, B_3.

In *Portugal* ist ausser der staatlichen Schwarzpulver-Fabrik noch zu erwähnen die Companhia Africana de Polvora in Valle de Milhaço, am linken Teju-Ufer; dieselbe hat ein Aktienkapital von 350 Contos de Reis (ca. 1¼ Millionen Mark), fabriziert nur Schwarzpulver und gehört einem Konsortium von Kaufleuten, die Faktoreien in Afrika besitzen; fast die ganze Produktion geht nach Angola.

II. Ammonpulver.

Pulver, in denen der Kalisalpeter durch Ammonsalpeter ersetzt ist, werden neuerdings in Oesterreich fabriziert und verwendet.

Marschner*) sagt hierüber Folgendes:

Das Ammonpulver, dessen Hauptbestandteil Ammoniumnitrat ist und das hauptsächlich von der Firma G. Roth in Felixdorf hergestellt wird, ist in neuester Zeit mit den modernen rauchschwachen Pulversorten in Konkurrenz getreten und zeichnet sich durch eine grosse bellistische Leistungsfähigkeit bei mässiger Brisanz und durch eine geringe Rauchentwicklung vorteilhaft aus. Das Ammonpulver ist schwerer entzündlich als das gewöhnliche Schwarzpulver, wie es überhaupt auch unempfindlicher ist gegen mechanische Einwirkungen, daher seine Herstellung und Versendung weniger gefährlich sind als jene des Schwarzpulvers. Das Präparat ist jedoch stark hygroskopisch und muss daher sowohl bei der Depositierung als auch beim Elaborieren sorgfältig vor dem Zutritt von Feuchtigkeit geschützt werden. Zu letzterem Zwecke wird das Pulver in Form von hohlen Zylindern gepresst und zum Schutze gegen Feuchtigkeit mit einer Umhüllung aus paraffiniertem Papier versehen, bevor

*) Lehrbuch der Waffenlehre, Band I, Seite 31.

es in die metallenen Patronenhülsen eingetragen wird; der weitere luftdichte Abschluss ist bei Metallpatronen leicht durchzuführen. Grössere Schwierigkeiten bietet die dauernde Lagerung des Ammon-Pulvers; diese kann nur in eigens hiezu konstruierten Gefässen erfolgen, welche jeden Zutritt von Feuchtigkeit verhindern (Rittersche Gefässe); die bisherigen Lagerungsversuche in solchen Gefässen haben die Stabilität des Präparates unzweifelhaft dargethan. Infolge der erwähnten Eigenschaften wird das Ammonpulver vorzugsweise bei jenen Feuerwaffen angewendet, welche metallene Patronenhülsen führen (Handfeuerwaffen und schnell feuernde Geschütze), da nur in diesem Falle das Präparat vor dem Zutritt von Feuchtigkeit vollständig geschützt werden kann. Um die Pulverladung aus Ammonpulver sicher zur Entzündung zu bringen, ist eine stärkere Initial-Explosion nötig als beim gewöhnlichen Schwarzpulver. Zu diesem Zwecke wird nebst dem Zündmittel (Kapsel) noch eine kleine Quantität Schwarzpulver (Zündpulver) als Initialzündung derart in die Patrone eingetragen, dass zunächst diese von dem Feuerstahl des Zündmittels getroffen wird, worauf die Entzündung der Pulverladung erfolgt. Die neuesten mit diesem Pulver durchgeführten Versuche haben überdies zur Verminderung des Zündpulver-Quantums und somit auch zu einer noch geringeren Rauchentwicklung geführt.

Der Rauch des Ammon-Pulvers selbst ist dünn und gleich verschwindend; Rauch und Gase haben weder einen unangenehmen Geruch noch eine schädliche Wirkung. Der Rückstand ist ganz geringfügig und leicht zu entfernen, so dass selbst beim schnellsten Schiessen Lade-Anstände in Folge des Rückstandes nicht auftreten. Die Regelung der Brisanz ist beim Ammonpulver noch leichter durchzuführen als beim Schwarzpulver und erfolgt ebenfalls durch Aenderung der Dosierung, der Korngrösse und der Korndichte. Die Gasspannungen steigen normal und regelmässig

FSC
www.fsc.org
MIX
Papier | Fördert gute Waldnutzung
FSC® C083411

Zeitfracht Medien GmbH
Ferdinand-Jühlke-Straße 7
99095 Erfurt, Deutschland
produktsicherheit@kolibri360.de